地震の揺れを科学する

みえてきた強震動の姿

山中浩明編著

武村雅之／岩田知孝／香川敬生／佐藤俊明著

東京大学出版会

A Guide to Strong Motion Seismology

Hiroaki YAMANAKA, editor

University of Tokyo Press, 2006
ISBN978-4-13-063704-6

はじめに

一九九五年一月一七日の早朝、兵庫県南部地震が発生した。私（山中）は、その日は朝から東北地方に観測にいく予定であり、川崎の自宅で朝早く起きていた。テレビのニュースで震度六という情報が入ってきたが、そのときには、あれほどの大きな被害を想像できなかった。時間がたつにつれて、倒壊した建物や火災などの被害の甚大さが報道されるにしたがって愕然とした。そして、多くの犠牲者が出たことを知る。さらに、その後、建物被害がとくに大きい地域が、非常に狭い帯状の分布をしていたことがわかった。いわゆる「震災の帯」である。なぜ、あれほどの強い揺れが神戸の町を襲ったのか。震災の帯はどうしてできたのだろうか。神戸の強震動の正体を明らかにしなければならない。一九九五年は、私たち強震動の研究者にとって忘れられない年となった。

「強震動」という言葉は、地震学や耐震工学などを専門とする方々以外には、ほとんど親しみがないかもしれない。強震動という用語が使われ始めたのは、一九六〇年代のようである。従来は、強震や弱震などの用語が、地面や建物の揺れを表す指標として使われていた。しかし、建物の揺れと地面の揺れを区別して考えていこうとする試みがなされるようになり、強震動（弱い揺れも含める場合は地震動）という言葉が使われるようになった。つまり、強震動とは、構造物の被害に直接関与するような地表面での強い揺れのことであり、その成因となる震源での地震波の発生や地球内部での地震波の伝播などの物理現象の解明や、予測手法の開発などについての研究分野が、強震動地震学なのである。地震の被害と直接的に関係している地震学の一分野であるとともに、地震学と耐震工学の橋渡し的な役割をしている境界領域の学問分野ともいうことができる。

地震学の研究者は、地震被害の軽減に古くから取り組んでいる。わが国では、明治二四年（一八九一年）濃尾地震を初めとして、一〇〇年以上の間、地震災害を記録し、被害を軽減するために研究が続けられている。しかし、研究の始まった当時の地震計では、強い揺れにより機器まで壊れてしまい、強い揺れの正体をつかむことは非常に難しかった。強い揺れを正確に記録できる強震計がわが国で開発・設置されたのは、ようやく一九五〇年代のことである。当時の強震計は非常に高価であり、どこにでも設置できるものではなかった。

しかし、先人たちの継続的な努力により、強震計の設置数が徐々に多くなり、蓄積される強震記録も増えてきた。次第に強震動の姿がおぼろげながらにみえてきたのである。こうした強震記録が蓄積されてきたことが、強震動地震学が発展してきた非常に大きい理由の一つである。私たち強震動の研究者は、どんな強震記録でも非常に大切にして、丹念に調べてきた。たった一つの強震記録が、その後の強震動地震学の研究テーマに大きな影響を及ぼしたことも何度もある。

兵庫県南部地震で観測された被害の大きい地域での強震記録からも、私たちは多くのことを学んだ。

神戸の「震災の帯」の原因は、本文でも触れるように、震源での地震波の複雑な発生メカニズムと、地下二kmにも及ぶ厚い堆積層の段差状の構造が引き起こした強い揺れであったことがわかった。その後、兵庫県南部地震で学んだことを生かして、日本全国での地震動の予測地図や、大規模な平野での地下構造調査などの大きなプロジェクトが推進されてきた。一〇年前とは格段に違う強い揺れについての理解が進んできている。

本書では、強震動地震学で研究されている強震動の発生・伝播のしくみや、それらの研究成果を防災や災害の軽減にどう活用していくかなどの最新の現状について、一般の方々に理解していただけるように、わかりやすく解説したものである。「強震動」について正面切って解説したはじめての本でもある。わが国は、世界的にみても地震が多発する地域の一つに位置した国であり、程度の差はあれ、地震による揺れを経験していない人はほとんどいない。日本に住む限りは、地震を避けることはできないのである。強い揺れに対抗するためには、まず自分の住んでいるところでの強い揺れについて事前に知っておくことが重要である。ぜひこの本が、読者の皆さんが強い揺れに立ち向かう第一歩になることを期待している。

二〇〇六年春

著者を代表して　山中浩明

目次

1　地震と被害

1　新潟県中越地震と一五〇年前の善光寺地震・三条地震

二一世紀を迎え、日本各地で大きな被害を伴う地震が発生している。その中でもとくに大きな被害をもたらした地震は、二〇〇四年（平成一六年）一〇月二三日に新潟県中部を襲い、死者四六名、住宅の全壊二八二七棟（消防庁調べ平成一七年三月二五日現在）を出した「新潟県中越地震」（M六・八）（Mは気象庁によるマグニチュード、詳しい説明は後述）である。

この地震が発生したとき、筆者は次の二つの地震を思い起こした。いまから一五〇年以上前の、一八二八年（文政一一年）一二月一八日に発生した「三条地震」（M六・九）と、一八四七年（弘化四年）五月八日に発生した「善光寺地震」（M七・四）である。図1-1に三つの地震の震源域の位置を示す。

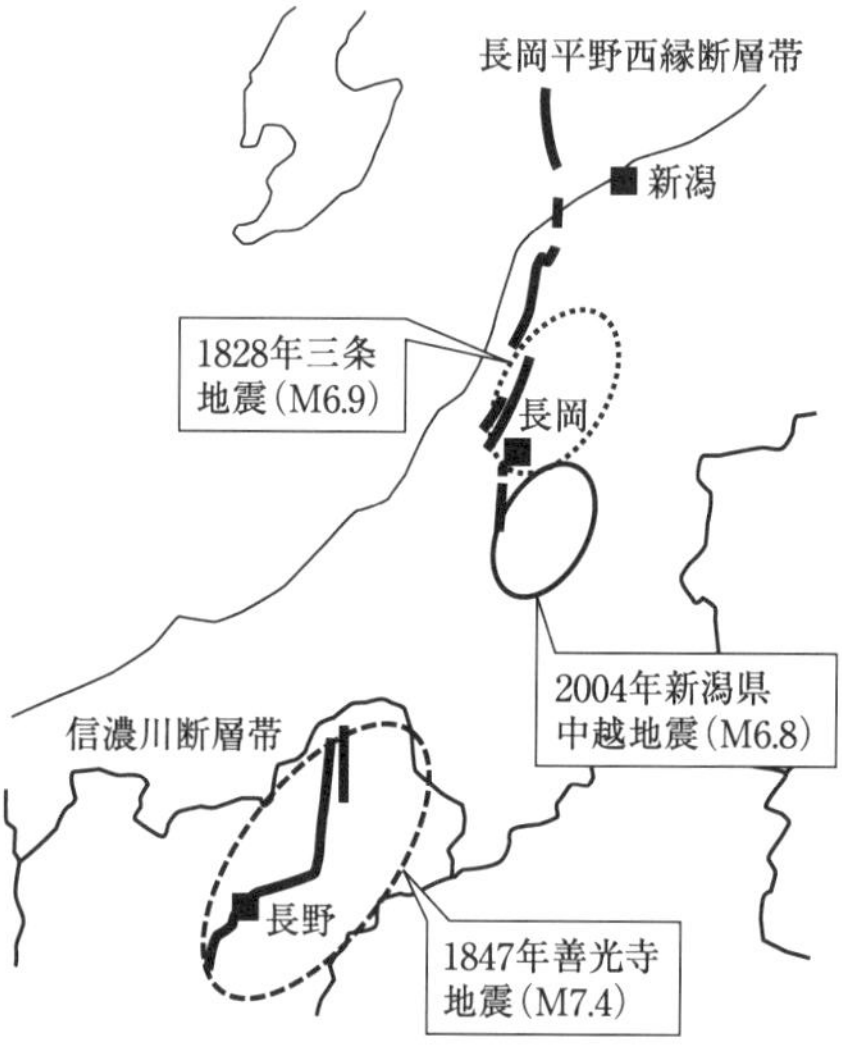

図 1-1　新潟県中越地震と過去の被害地震の震源域

善光寺地震では現在の長野市西部、中条村、信州新町などの中山間地で、大規模な山崩れが多発した。信濃川の上流千曲川の支流の犀川に天然ダムが形成され、地震後二〇日で決壊、土石流で川中島平に大きな被害を出した。その様子は「信州国地震大絵図」（真田宝物館所蔵）に描かれ、各地の山崩れを描いた松代藩の青木雪卿の絵とともに、土砂災害の惨状を今に伝えている（原田、二〇〇三）。

そこには、新潟県中越地震の際に全村避難が続いた山古志村（現長岡市）の様子と二重写しになるほどよく似た状景がある。山古志村でも同じ信濃川から分かれた魚野川の支流、芋川に天然ダムができ、下流部の堀之内町などに土石流の危険が生じたため、懸命に決壊を防ぐ対策が進められた。その結果天然ダムの決壊という最悪の事態は免れることができたが、多くの土砂崩れによって、水に富んだ豊かな山里には今でも大きな被害の爪あとが残っている。

写真1-1は、美しい棚田に無残な亀裂が入った山古志村の地震直後の様子と、善光寺地震の被害

写真 1-1　新潟県中越地震により被害を受けた山古志村の棚田(左)と，善光寺地震から復興し稔り豊かな山里を取り戻した長野市倉並付近(右)［(左)新潟日報社編，2004；(右)武村雅之撮影，2000 秋］

から立ち直って再び豊かな山里を取り戻した長野市西部から信州新町にかけての秋の風景である。一方は一五〇年前の地震の様子を、一方は先日の地震前の様子を互いに連想させる。善光寺地震では、このほか善光寺門前の宿坊が潰れて火災が発生し、合わせて五〇〇〇以上の人が亡くなった。

三条地震は、長岡市をはさみ中越地震の震源域とは反対側に隣接する三条市を中心とした地域で発生した地震である。こちらも住宅の全壊と火災で一六〇〇人以上が亡くなるという大惨事を招いた。この地震に際しては、現在の見附市の村役人で、震災対策と復興に当たった小泉其明《きめい》という人が残した「懲震毖鑑《ちょうしんひかん》」という画帳が残されている。この画帳には「地震災害は先人の教えを皆忘れてしまうからいけないのだ。昔の教訓を心にとめて普段から用心しておけば、今回のように慌てさまようようなことはなかったはずだ。と言ったところですでに起こってしまったことは仕方がない。せめてこの度のことを記して子孫への戒めとしたい」という其明の切々とした思いがつづられている（河内、二〇〇一）。

過去の二つの地震の震源にはさまれた今回の被災地の人々に、

写真 1-2　長岡市街から望む東山丘陵の山並み［武村雅之撮影，2004］

果たして其明の思いは伝わっていたのだろうか。一五〇年以上も前のことであるが、次節の表1-1に示す明治以後の死者数による被害地震二〇と比較すると、善光寺地震は一九九五年（平成七年）に発生した兵庫県南部地震（第四位）を凌ぐほどの被害を出した地震であり、また三条地震も優に一〇位に入るような地震である。一五〇年は地震の歴史からすればほんの一時である。

写真1-2は長岡の市街地の東に連なる東山丘陵（魚沼丘陵の一部）の山並みである。頂上部分が真っ直ぐな稜線をみせ、平らな長岡の市街地から急に立ち上がる様子は、神戸の市街地の背後にある六甲山とそっくりである。それもそのはず、麓にはどちらの山にも活断層が通り、地震の度に繰り返し隆起をしてきた山だからである。つまり、兵庫県南部地震は長年続いてきた六甲山をつくる活動のひとつであり、また新潟県中越地震も魚沼丘陵をつくる活動のほんの一場面なのである。

神戸の人々も長岡の人々も、自分たちの故郷の山が地震によってできたことを知っていただろうか。人間の歴史からみればはるかに昔から続く自然の営みであるが、郷土の地震災害史と同じく、これらも過去の地震活動の歴史の証なのである。

地震の被害を軽減し、愛する故郷に住み続けるためには、その地域に固有な地震災害の歴史や、自然の成り立ちを知ることが第一歩である。本章では、近代日本において社会経済に大きな影響を与えた一九二三年（大正一二年）の関東大震災と、一九九五年の阪神・淡路大震災を主な例として、基本的な事項も含めて、地震とその被害の関係について説明する［注1］。

2　地震被害ワースト二〇——第一位は関東大震災

歴代のつわもの

被害統計が比較的正確な一八六八年（明治元年）から二〇〇五年までに発生したわが国の地震で、死者数で見たワースト二〇を表1-1に並べた。一位は、一九二三年九月一日の関東大震災を引き起こした「関東地震」で、その被害は群を抜いて多く、死者数や全潰［注2］・全焼・流失家屋数でほか

［注1］　**地震と震災**　この二つの言葉は似て非なる意味を持つ。地震は自然現象であるが、震災は地震により人間が受ける災害である。このため、たとえば兵庫県南部地震と阪神・淡路大震災、関東地震と関東大震災のように、区別した名前が付けられている。

表 1-1　明治以後の日本の被害地震 20［武村，2003 より改変］
兵庫県南部地震については関連死を含め 6000 人以上の死者数が報告されているが，ほかの地震と同様に地震直後に集計された直接の死者数を示した．

No.	西暦	月	日	地震名	M	死者	全潰全焼流失家屋数	主な被害原因
1	1923	9	1	関東地震	7.9	105,385	293,387	火災
2	1896	6	15	三陸地震	8.5	21,959	8,891	津波
3	1891	10	28	濃尾地震	8.0	7,273	93,421	震動
4	1995	1	17	兵庫県南部地震	7.3	5,502	100,282	震動
5	1948	6	28	福井地震	7.1	3,728	39,342	震動
6	1933	3	3	三陸地震	8.1	3,008	4,035	津波
7	1927	3	7	北丹後地震	7.3	2,925	11,608	震動
8	1945	1	13	三河地震	6.8	2,306	7,221	震動
9	1946	12	21	南海地震	8.0	1,432	15,640	津波
10	1944	12	7	東南海地震	7.9	1,223	20,476	津波
11	1943	9	10	鳥取地震	7.2	1,083	7,736	震動
12	1894	10	22	庄内地震	7.0	726	6,006	震動
13	1872	3	14	浜田地震	7.1	552	4,762	震動
14	1925	5	23	北但馬地震	6.8	428	3,475	震動
15	1930	11	26	北伊豆地震	7.3	272	2,165	震動
16	1993	7	12	北海道南西沖地震	7.8	230	601	津波
17	1896	8	31	陸羽地震	7.2	209	5,792	震動
18	1960	5	23	チリ地震津波	—	139	2,830	津波
19	1983	5	26	日本海中部地震	7.7	104	1,584	津波
20	1914	3	15	秋田仙北地震	7.1	94	640	震動

＊濃尾地震の全潰数は飯田汲事『東海地方地震・津波災害誌』(1985) によった．

の地震に大きく水をあけている。表には、被害に対して最も大きな影響を与えた要因を、火災、震動、津波のいずれかで示している。関東大震災の最大の要因は、東京・横浜に代表される大火災である。

関東地震を含め、一六の地震が一九五〇年以前に発生したもので、一九五〇年以後は四つしかない。とくに内陸直下で発生し、強い震動によって大きな被害を出した地震は、最近五〇年間では一九九五年の兵庫県南部地震（M七・三）のみである。その後次々と被害地震が発生しているが、先に述べた二〇〇四年新潟県中越地震（M六・八）や、二〇〇三年（平成一五年）宮城県北部地震（M六・四）、一九九七年（平成九年）鹿児島県北西部地震（M六・五）は地震の規模がやや小さかった。また、二〇〇〇年（平成一二年）鳥取県西部地震（M七・三）や二〇〇五年（平成一七年）福岡県西方沖地震（M七・〇）は、比較的人口の少ない山間部や海域に震源があったことなどから、幸い二〇位に入る地震ではなかった。

これに対して一九五〇年以後の二〇位に入るほかの三つの地震は、いずれも「津波」による被害が大きい地震である。北海道や東北地方の日本海側を中心に、地震後の津波で大きな被害を出した一九八三年（昭和五八年）の日本海中部地震や、一九九三年（平成五年）の北海道南西沖地震、そして変り種としては一九六〇年（昭和三五年）のチリ地震津波がある。チリ地震津波は、太平洋を隔てた南米チリの沖合で発生した巨大地震によって引き起こされたもので、太平洋の島々はもちろん、環太平洋のいたるところに津波被害をもたらした。チリ地震の震源の規模は、有史以来、世界中で発生した地震の中で最大といわれ、震源での断層の長さは実に一〇〇〇km、本州に匹敵する位の大きさだった。

二〇〇四年末、スマトラ島沖で同様に巨大な津波を起こした地震が発生した。チリ地震に比べ震源

［注2］　**全壊と全潰**　現在では「潰」の字はあまり用いられず「壊」と記されることが多いが、最近の被害調査において「全壊」の評価基準が必ずしも構造的被害と一致せず、統一を欠く傾向が見受けられる。ここではそれらと区別し、構造的な被害であることを明確にするため、過去の資料に多く用いられている「潰」を使用した。

の規模はやや小さかったが、人口の密集したインド洋沿岸を津波が襲ったせいもあり、全体の被害はチリ地震を大きく上回るものになってしまった。発生場所がインド洋であったために日本への直接の影響はほとんどなかったが、現地を訪れていた日本人に少なからず犠牲者が出た。

さて、チリ地震のように多少変り種はあるものの、津波により大きな被害を出した地震は、一九五〇年以前でも四つで、一九五〇年以後とくに少なかったというわけではない。これに対し震動により大きな被害を出した内陸地震は、先に述べたように一九五〇年以降大きく減少している。

一九五〇年といえば「建築基準法」が施行され、わが国のすべての建物に耐震設計基準が適用されるようになった年である。その効果が現れて震動による被害が大幅に減ったという解釈も成り立つように思われるし、一九九五年に兵庫県南部地震が発生するまで、そのように思っていた専門家もいたことも事実である。確かに兵庫県南部地震では、同じ震度七を記録した一九四八年（昭和二三年）の福井地震に比べ、同じくらい強い震動がきたと推定される場所で建物の全潰率が下がったという指摘もある（諸井・武村、一九九九）。しかし、兵庫県南部地震であれだけの被害を受けたこと自体、建築基準法の施行ということだけで一九五〇年以降内陸地震による被害が少なくなった事実を説明することが難しいことを物語っているように思う。

プレート境界地震と内陸地殻内地震

表1-1の地震をみると、二種類に大別できる。一つは、内陸の地下浅部で発生し、震源の直上で

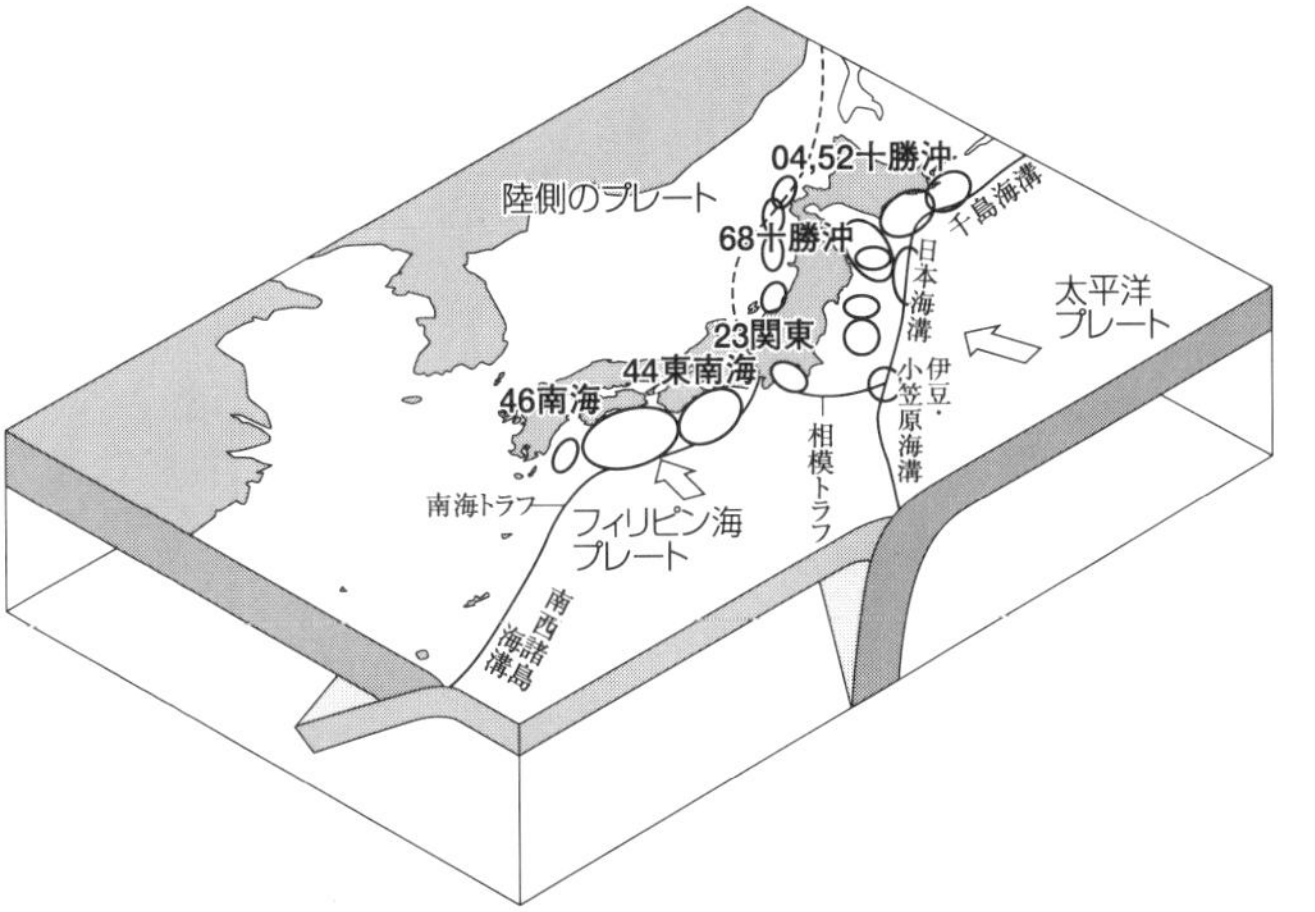

図1-2　日本付近のプレートと最近100年間の主なプレート境界地震［地震調査研究推進本部編，1997に加筆］

非常に強い揺れをもたらす地震。もう一つは海底下で発生し、陸上で強い揺れを伴う場合もあるが、大津波を引き起こす危険性が非常に高い地震である。それらの地震の起こり方について説明しよう。

図1-2は、日本列島ならびにその周辺に地震を引き起こす原因となっている「プレート」の動きである。日本列島の下には二つの海洋プレートが潜り込んでいる。一つは太平洋プレートで、東日本の太平洋沖にある日本海溝がその潜り込み口になっている。もう一つはフィリピン海プレートで、関東地方の南岸から西日本の太平洋沖にかけて潜り込み、その潜り始めの場所は、伊豆半島を境に、東は相模トラフ、西は南海トラフと呼ばれる海溝になっている。

これら二つの海溝は伊豆半島を中心に、大きく北に向かって湾曲している。伊豆半島はもともと、遠く日本列島の南方にあったフィリピン海プレート上の島だった。それがフィリピン海プレートの北上に伴って、日本列島に衝突し、フィリピン海プレートはその部分で潜り込めずに海溝を大きく北へ湾曲させているのである。

図には、最近一〇〇年間に、各海洋プレートの潜り込みに伴い日本列島を載せた陸側のプレートとの境界で発生した「プレート境界地震」や、海洋プレートに関連した震源が浅い地震の震源域（震源断層のある領域）が楕円で示されている。代表的なプレート境界地震を挙げると、太平洋プレートに伴うものとしては、一九五二年（昭和二七年）と一九六八年（昭和四三年）の二つの十勝沖地震、さらに二〇〇三年（平成一五年）に一九五二年の地震とほぼ同じ場所で起こった十勝沖地震などがある。揺れが弱い割に大きな津波を発生し、津波地震と呼ばれている一八九六年（明治二九年）の三陸地震もプレート境界地震である。また、プレート境界で発生した地震ではないが、日本海溝付近で海溝より外側の太平洋プレート内部で起こったとされる一九三三年（昭和八年）の三陸地震も、大きな津波災害をもたらした地震として有名である。

一方、フィリピン海プレートの南海トラフでの潜り込みに伴うものとしては、一九四四年（昭和一九年）の東南海地震と一九四六年（昭和二一年）の南海地震がある。相模トラフに関しては、一九二三年の関東地震が対応する。また、日本海側の点線に沿っては、日本海の海底が日本列島の下に潜り込もうと衝突している領域があるといわれており、一九八三年に秋田沖で起こった日本海中部地震や、一九九三年の北海道南西沖地震がそれに伴うものと考えられている。

プレート境界地震は、年間移動速度数センチメートルという海洋プレートの動きをそのまま反映するため、一〇〇年程度という地震の世界では比較的短い時間で繰り返す。たとえば二〇〇四年の十勝沖地震は一九五二年の地震から五二年を経て発生した。しかも、これらの地震は、震源の規模を示すマグニチュードMが八クラスとなることがよくあり、強い揺れをもたらすだけでなく、海底を大きく変動させるために、大津波を引き起こし、多くの家屋や人命を奪うという特徴がある。

これに対し、日本列島の内陸で発生する地震は、プレートの境界だけでは解消できなかったわずかなひずみが、長年にわたって日本列島に溜まり、そのひずみを解消する際に発生する。このような地震は日本列島の内陸地殻のごく浅い部分で発生するため、「(内陸)地殻内地震」と呼ばれている。地震の規模は、一八九一年(明治二四年)の濃尾地震のような例外を除くと、M七クラスとプレート境界で発生する被害地震に比べ一段小さいのが普通である。しかし、地殻内地震は震源がきわめて浅いことが多く、地震が起こると、震源の近くでは非常に強い揺れに見舞われる。このため多くの建物が全潰し、その下敷きになって尊い人命が失われることがしばしばある。

また震源が浅いので、震源断層の延長が地表に現れることがある。このような現象が何度も繰り返されるうちに、地形に大きな傷となって残るのが「活断層」である。活断層研究会編『新編 日本の活断層』(一九九一)によれば、約二〇〇万年前から始まる最新の地質時代である第四紀に活動してできた傷を活断層と呼ぶことにしている。図1-3は、日本列島での活断層の分布である。活断層の形成過程を考えれば、その下に地震の震源があることは明らかであり、活断層は地殻内地震の起こり方を知る重要な手がかりとなる。

図 1-3　日本列島の活断層分布図［中田・今泉編，2002］

最近の精力的な活断層調査によって、地殻内地震の活動の実態が一部わかってきた。それによれば、この種の地震の繰り返し間隔は、活発なものでも一〇〇〇年オーダーと、先のプレート境界地震に比べて一〇倍長い。ところが、図の活断層分布が示すように、地震を起こす可能性のある場所は全国に散らばっており、一九五〇年以前のように全体として活動が活発な時期には、五〜一〇年位の間隔で全国のどこかで地殻内地震が発生し、その都度震源直上の地域に非常に強い揺れをもたらし、大きな被害を与えてきた。先に指摘したように、一九五〇年以降ながらく低調だった地殻内地震の活動が、一九九五年の兵庫県南部地震を境に、再び活発化の兆候を示していることは、大いに気になるところである。

日本付近で発生する被害地震には、ここで説明したプレート境界地震や地殻内地震のほかに、潜り込む海洋プレートの内部で発生するスラブ内地震があるが、これらの地震は一般に震源が深く、表1-1に示すような二〇位に入るほどの大きな被害をもたらした地震は知られていない。

地震によるさまざまな被害——関東大震災を例に

次に、地震による被害について詳しくみていきたい。地震による被害で最も一般的なものは、構造物が強い揺れによって壊れる被害である。写真1-3に示すように、一九九五年の兵庫県南部地震は典型的な地殻内地震で、震源直上の神戸市や淡路島を中心に、非常に強い揺れによって建物、橋梁、港湾施設などさまざまな構造物が壊れ、その被害は、「阪神・淡路大震災」と命名された。

これに対し、一九二三年に関東大震災を引き起こした関東地震は、プレート境界地震に分類される。図1-2で説明したように、震源のある相模トラフは、伊豆半島の衝突のせいで、海溝が北に大きく湾曲した地域に対応し、その分関東地震の震源断層も、ほかのプレート境界地震に比べて、陸域に大

写真 1-3　兵庫県南部地震によるさまざまな構造物の被害（神戸，芦屋）［武村雅之撮影，1995］

きくかかっている。このため、震源断層の直上に神奈川県や千葉県南部などが含まれ、これらの地域では揺れが非常に強かった。その意味で地殻内地震による揺れの特徴も兼ね備えた地震といえる。もちろん、プレート境界地震としての特徴もあり、すべての種類の被害を引き起こす要因を備えた地震であった。このような特徴は、伊豆半島をはさんで、関東地震と対峙した位置にあると考えられている想定東海地震についてもいえることである。

　ここでは、地震によるさまざまな被害を説明するために、一九二三年の関東地震の被害を取り上げることにする。写真1-4は、関東地震による被害の様子である。主なものは建物の全潰、火災、土砂崩れ、津波による被害である。

　先に指摘したように、関東地震の被害は、ほかの被害地震と比べて群を抜いて多い。そのよ

写真 1-4　関東地震によるさまざまな被害
左上：千葉県安房中学校舎，右上：隅田川河口付近，左下：神奈川県小田原根府川付近，右下：静岡県伊東付近［右上は『大正大震大火災之記念』毎日通信社，1923；その他は国立科学博物館ホームページより］

うな被害の最大の要因は、都市部での大火災である。火災の被害が大きくなった原因は、発生時刻が一般家庭で火を多く使う土曜日の午ちょっと前であったこと、前日九州にあった台風が当日の朝には能登半島付近に進み、関東地方では朝方に雨はあがったが、相当強い南風が吹いていたこと、東京・横浜などでは、今日以上に人口密度が高かったにもかかわらず、消防設備が十分完備されていなかったこと、などを挙げることができる。まさに悪条件が重なった結果の惨事であった。

それでは、ほかの要因による被害はどれほどであったのだろうか。被害を要因別に分けることは、それほど容易ではないが、あえて関東地震の死者数

表1-2　関東地震の要因別死者数［諸井・武村，2004］

府県	要因別死者数推定値				合計
	住家全潰	住家焼失	住家流失・埋没	工場等の被害	
神奈川県	5,795	25,201	836	1,006	32,838
東京府	3,546	66,521	6	314	70,387
千葉県	1,255	59	0	32	1,346
埼玉県	315	0	0	28	343
山梨県	20	0	0	2	22
静岡県	150	0	171	123	444
茨城県	5	0	0	0	5
長野県	0	0	0	0	0
栃木県	0	0	0	0	0
群馬県	0	0	0	0	0
合計	11,086	91,781	1,013	1,505	105,385

を要因別に分けたのが表1-2である。それによれば、全体での死者は約一〇万五〇〇〇人に達し、その大半が火災による死者である。しかし、火災以外の原因による死者数も、推定で一万三〇〇〇人程度と、決して無視できる数字ではない。同時に、揺れによる全潰住家数（焼失地域では焼失前に全潰していたと推定される家屋数を含む）も約一一万棟と推定されている（諸井・武村、二〇〇四）。

表1-1を再度みて、火災がなかったとした際の関東地震の死者数をほかの地震と比較すると、未曾有の大津波によって多くの死者を出した一八九六年の三陸地震津波には及ばないが、阪神・淡路大震災を引き起こした兵庫県南部地震の死者数をも上回っていることがわかる。また一八九一年の濃尾地震は、地震の規模が兵庫県南部地震より大きく、わが国で最大級の地殻内地震といわれているが、その死者数までも上回っている。

さらに関東地震の火災以外の被害の中味を詳しくみよう。

津波は、地震が海底下で起こると、震源断層の動きに応じて海底が変形し、それが海水の変動を起こして発生する。関東地震による津波は、地震発生後早いところで数分以内に陸地に到達し、伊豆半島東岸から相模湾、房総半島沿岸を襲った。津波による死者をみると、神奈川県鎌倉郡鎌倉町（現鎌倉市）の由比ヶ浜海岸で津波にさらわれ約一〇〇名が行方不明、さらには、川口村（現藤沢市）江ノ島桟橋で約五〇名が行方不明との記録がある。これらの記述は誤りとする文献もあるが、事実とすれば、それだけでも近年の津波災害で大きくクローズアップされた一九九三年の北海道南西沖地震や一九八三年の日本海中部地震と並ぶ被害が生じていたことになる。

次は各地で発生した山崩れである。最も大きな被害を出したのは、神奈川県足柄下郡片浦村（現小田原市）の根府川集落で、白糸川上流部で発生した土石流が流れ下り、地震の五分後に山津波に襲われた。六四戸の家屋が埋没、四〇六人が死亡した。さらに近くの熱海線（現東海道線。丹那トンネル開通前で、当時は現在の御殿場線が東海道線だった）の根府川駅では背後の山が崩れ、停車中の列車を海中に押し流し、死者三〇〇人を出した。また、同村米神（現小田原市）でも土石流があり、二〇戸が埋没、死者六二人を出した。結局、片浦村だけで、山崩れによって七五〇人以上の死者を出したことになる。またこのほかに、津久井郡や足柄上郡でも山崩れによって約二〇人もの死者を出し、合計すると八〇〇人近くが、土砂災害で命を落としたのである。地震による土砂災害としては、明治以後最大規模のものである。

土砂災害はこれに止まらず、九月一二〜一五日には中郡大山町（現伊勢原市）で地震で緩んだ山地に大量の降雨があり、土石流で一四〇戸が押し流される被害もあった。幸い避難が早く、死者は一名に止まったが、典型的な二次災害である。

以上のように、関東地震が津波災害や土砂災害に関しても、明治以後の地震の中では最上位にランクされる地震であることがわかっていただけたと思う。しかしながら、それらによる死者数を足し合わせても、先に示した一万三〇〇〇人には到底及ばない。残りの多くは、強い揺れによって、建物が全潰し、壊れた建物の下敷きになって命を落とした人たちである。そのことは、火災によらない全潰住家棟数が一一万棟と、兵庫県南部地震の全潰住家数を上回ることからも容易に想像することができる。

関東地震は、広い範囲に強い揺れを起こしたために、多くの建物が震動によって被害を受けた。被害を受けたもののうち最も多かったのが一般の木造住宅であることは、兵庫県南部地震やほかの被害地震と変わらない。しかし、兵庫県南部地震とは異なる面もある。

その一つは、多くの工場で建物が崩壊し、そこで一度に多数の人命が失われたことである。発生時刻が、兵庫県南部地震のように早朝の始業前ではなく、皆が働いていた昼間であったことにもよるが、当時の工場設備の不備など、労働環境が大きく異なっていたという社会的側面も原因として考えられる。

このように、単に地震による被害といってもさまざまなものがあり、その被害軽減のためには、発生時刻や発生場所、さらには季節や社会の状況等を考慮し、被害の種類に応じたきめ細かな対策が必要となってくる。

地震と地震動

地震の大きさを表す言葉には、「震度」と「マグニチュード」（Mと略記される）という二つの用語がある。関東地震を例にとれば、東京の震度は六で、マグニチュードは七・九である。この二つの大きさは、困ったことに混同して使われることが多い。これはそもそも「地震」という言葉が二つの意味を持つことに起因しているように思われる。

「地震」という言葉は読んで字の如しで、地面が震える現象を指している。つまり揺れることである。しかし、いつの頃からか揺れの原因となる地下で起こる現象、つまり震源での断層破壊のことも地震と呼ぶようになった。たとえば、こんなテレビの放送によく行きあたる。

「今日午後二時三八分頃、関東地方の広い範囲で地震がありました。東京での震度は三。気象庁の観測によると、震源地は茨城県南西部で、震源の深さは八〇km、地震の規模を示すマグニチュード（M）は四・五と推定されています」

この中には「地震」という言葉が二回登場する。最初に出てくる「地震」は単に地面が揺れたということを指しており、もともとの意味での地震（地面の震動）である。これに対して、二番目の「地震」は震源（の断層破壊）のことを指している。関東地震や兵庫県南部地震などというときの「地震」も、命名者はたぶん震源の意味で使っているのだが、受け取る方は、関東や兵庫県南部地方を襲った強い揺れという意味も含めて「地震」と認識しているかもしれない。また、東京大学には地震研究所というのがあるが、この研究所では昔から、震源の研究だけでなく揺れの研究も行われており、研究所名の「地震」はたぶん両方の意味を表しているものと思われる。

このように「地震」という言葉は、一般社会では二つの意味で用いられている。しかし、そのままでは学問上も混乱が避けられないため、地震学の専門家の間では、「地震」という言葉は震源での断層破壊の意味で用い、揺れについては「地震動」として区別するのが一般的になりつつある。本書でも、これらを区別する必要がさまざまな場面で生じるため、これに従って、以下、震源での断層破壊の意味では「地震」、揺れの意味では「地震動」という言葉を使うことにする。

震度とマグニチュードの違いは？

では、話を「震度」と「マグニチュード」に戻そう。

「震度」とはある場所における地震動の強さを表すものである。最近では、全国いたるところに地震による強い地震動を測る地震計（強震計と呼ぶ）が配置されているが、一昔前までは、地震動の強さはもっぱら人体感覚や周りの物の揺れの様子、さらには被害の程度をもとに決められていた。日本では昔から体に感じる地震が発生すると、気象庁から震度が発表されてきた。この震度は、一九九六年からは強震計で観測された結果をもとに評価されるようになり、「計測震度」として気象庁から発表されている。

表1-3は、一九九六年まで気象庁が用いていた震度階級表である。この表は日本独自のものであるが、震度を人体感覚等で決めるということは、地震計が満足にない時代から世界中で行われてきた。気象庁が現在「計測震度」として発表しているものも、原則としてこの表によって決定される震度と矛盾しないよう配慮され、違いは震度五と六をそれぞれ強弱二つの階級に分けている点だけである。本書ではとくに断らない限り、震度といえば気象庁による震度を指すことにする。

このように震度がある地点の地震動の強さを示すのに対し、「マグニチュード」は震源での断層破壊の大きさを表す尺度である。もともとマグニチュードは、一九三五年に米国のリヒターという地震学者が考え出したものである。彼は、ウッドアンダーソン型と呼ばれる地震計によって観測された地震記録の最大振幅値が、震源からの距離によってどのように減るかという距離減衰式と呼ばれる経験的な関係をカリフォルニアで研究し、その結果をもとに距離一〇〇km相当の地点に最大振幅値をそろえて地震の大きさを表そうとした。その考え方を、戦後、ウィーヘルト式地震計を主体とする気象庁の観測網にあてはめたのが、現在気象庁の発表しているマグニチュードMである。

米国でリヒターがマグニチュードを考え出した数年後の一九四三年に、日本では河角広が震央距離一〇〇kmにおける震度をもって震源の大きさを定義した。これを河角マグニチュードM_kと呼ぶ。考え方はリヒターのマグニチュードと同じで、観測された記録の最大振幅値を用いる替わりに、各地で観

表 1-3　1996 年以前に用いられていた気象庁震度階級

それ以降の計測震度では，連続性を保ちつつ震度 5 と 6 をさらに強弱 2 つに分けている．

階級	説明	参考事項（1978）
0	無感．人体に感じないで地震計に記録される程度．	吊り下げ物のわずかにゆれるのが目視されたり，カタカタと音がきこえても，体にゆれを感じなければ無感である．
1	微震．静止している人や，特に地震に注意深い人だけに感ずる程度の地震．	静かにしている場合にゆれをわずかに感じ，その時間も長くない．立っていては感じない場合が多い．
2	軽震．大ぜいの人に感ずる程度のもので，戸障子がわずかに動くのがわかる程度の地震．	吊り下げ物の動くのがわかり，立っていてもゆれをわずかに感じるが，動いている場合にはほとんど感じない．眠っていても目をさますことがある．
3	弱震．家屋がゆれ，戸障子がガタガタと鳴動し，電燈のような吊り下げ物は相当ゆれ，器内の水面の動くのがわかる程度の地震．	ちょっと驚くほどに感じ，眠っている人も目をさますが，戸外に飛び出すまでもないし，恐怖感はない．戸外にいる人もかなりの人に感じるが，歩いている場合感じない人もいる．
4	中震．家屋の動揺が激しく，すわりの悪い花びんなどは倒れ，器内の水はあふれ出る．また，歩いている人にも感じられ，多くの人々は戸外に飛び出す程度の地震．	眠っている人は飛び起き，恐怖感を覚える．電柱・立木などがゆれるのがわかる．一般の家屋の瓦がずれることがあっても，まだ被害らしいものではない．軽い目まいを覚える．
5	強震．壁に割れ目が入り，墓石・石どうろうが倒れたり，煙突・石垣などが破損する程度の地震．	立っていることはかなり難しい．一般家屋に軽微な被害が出はじめる．軟弱な地盤では割れたり崩れたりする．すわりの悪い家具は倒れる．
6	烈震．家屋の倒壊は 30%以下で，山崩れが起き，地割れを生じ，多くの人々が立っていることができない程度の地震．	歩行は難しく，はわないと動けない．
7	激震．家屋の倒壊が 30%以上に及び，山崩れ，地割れ，断層などを生じる．	

測される震度の値を用い、震度の距離減衰式を使って震央距離一〇〇km相当の地点での震度を求め、地震の大きさを表すやり方である。戦後、河角はM_kとリヒターの流れをくむマグニチュードMとの関係を以下のように求めている。

$$M=4.85+0.5M_k \quad (1.1)$$

河角マグニチュードを考えれば、震度は地震の際のある地点での地震動の強さ、マグニチュードは、地震ごとに同じ震央距離に揺れの強さをそろえ、それをもとに震源から出る地震波の強さを比べて、震源の大きさを相対的に表そうとした値であることが容易に理解できるだろう。一九二三年の関東地震のマグニチュードM七・九という数字は、一九五〇年代前半頃から現れてくる。もちろん地震発生当時はマグニチュードという考え方がなかったからであるが、実は東京を震央距離一〇〇kmとみなし、その際の東京の震度六からM_k＝六、(1・1)式を用いてMを求めるとM＝七・八五となり、四捨五入して七・九と評価されたらしい(武村、二〇〇三)。

マグニチュードの考え方は、地震の震源の大きさを比較的簡単に測ることができるため、またたく間に世界中に広がったが、ここに一つの問題が生じることになる。それは、地震の震源からはこきざみな揺れからゆったりした揺れまで、つまり短周期から長周期までさまざまな揺れの成分を含む地震波が発生するのに対し、それらを観測する地震計では、普通ある特定の周期範囲の地震波しか観測できないことに起因する(4章で詳述する)。リヒターが観測した地震波の最大振幅値は、ウッドアンダーソン型地震計の特性を反映し、周期一秒前後の成分が中心であるが、気象庁のものはウィーヘルト式地震計の特性から、周期五秒前後の成分が中心になる。

しかも、一九六〇年代に地震の震源が地下の断層であることがわかってくると、地震波の異なる周期成分から決めたマグニチュードが、すべての地震に対し同じ値を与えることは原理的に不可能であることがわかってきた。同時に地下の震源断層の大きさを表すために、断層の面積と断層面におけるずれ量の積として地震モーメントM_0という量が定義され、一九七〇年代になると、実際の地震に対し次々とM_0が評価されるようになった。それらM_0の値から新しいマグニチュードとして定義されたのが、モーメントマグニチュードM_wである。通常地震モーメントは周期が数十秒から一〇〇秒以上の非常にゆったりとした揺れの成分から求められるので、M_wは長周期成分を代表するマグニチュードといえる。

ちょうどその頃から、異なる周期成分の地震波から決められる気象庁のマグニチュードやモーメントマグニチュード、その他のマグニチュードは、それぞれが、地震の震源の特徴を詳しく知るための重要な情報であると認識されるようになった。人の体に例えると、身長だけでなく座高や足の長さや胴回りなどを測るとその人の体型がよくわかるのと同じようなことである。

このため、現在では単にマグニチュードといわずに、気象庁マグニチュードとかモーメントマグニチュードというように、決め方がわかるような名前で呼ばれることも多い。地震が起こると、発表されるマグニチュードの値が機関によって違うと文句をいう人もいるが、上記の事情を考えれば無理からぬことであり、むしろその違いが地震の個性を表しているのである。日本では、通常、気象庁が発

コラム●マグニチュード

マグニチュードは地震波から決める、つまり揺れの大きさから決められている。池に石を落として波紋をつくることを考えてみると、大きな石を落としたほうが、大きな波ができる。波の大きさから石の大きさを予想する、ということが、マグニチュードの推定、ということになる。

本文でも記したように、マグニチュードは一九三五年に米国のリヒターにより考え出されたが、その定義はカリフォルニアでの地震観測の結果をもとにつくられたため、その他の地域の地震には適用しにくかった。このため、同じく米国のグーテンベルグは、一九四五年に、当時の地震計で遠くで発生した震源が浅い地震を観測すると、周期二〇秒の表面波がよく卓越することに注目し、表面波マグニチュードM_sを新たに定義した。また、同時に表面波があまり卓越しない深い地震も念頭に、P波やS波の観測値を用いた実体波マグニチュードm_Bも定義した。

気象庁が発表しているマグニチュードM_j（本文では気象庁マグニチュードをMと表したが、ここでは他と区別してM_jと表す）は、一九五二年に気象庁の標準地震計（ウィーヘルト式およびその後継の五九型地震計）で観測された結果から、グーテンベルグのM_s相当のマグニチュードを決められるように定義（坪井式）されたものである。その後一九六四年に、震源深さHが深い地震に関しては、m_Bに準じる定義（勝又式）が考えられ、二〇〇三年九月二四日までは、両者の組み合わせでマグニチュードが評価されてきた。

$H \leqq 60$ km の場合

$$M_j = \log Ah + 1.73 \log\Delta - 0.83$$ （坪井式）

$H > 60$ km の場合 （勝又式）

$$M_j = \log Ah + K(\Delta, H)$$

Ahは水平動二成分の最大値の合成値（みかけの周期五秒以下、μm単位）、Δは震央距離（km単位）、Hは震源深さで、K（Δ, H）は別途一覧表で示される定数項である。

この他に規模が小さく上記の式で規模を決めることができない地震のための補助として、感度が高い速度計の観測結果を用いて決める方式も併用されてきた。

一方、世界的には金森が一九七七年に地震モーメント（M_0）を用い、巨大地震以外の規模が小さめの地震についてはM_sと同じような値を与えるようにするために、M_0とM_sの経験的な関係をそのまま用いて、モーメントマグニチュードM_wを以下のように定義した。

$$M_w = (\log M_0 - 9.1)/1.5$$

地震モーメントM_0（N·m）は、震源断層の面積Sと平均すべり量Dに、媒質の剛性率μを乗じた物理量で、震源断層の規模を表すのに最適な量としてよく用いられる。M_0は震源から発生した地震波の極長周期成分のレベルに比例する性質がある。以前はごく限られた観測点でしか観測できなかったが、観測技術の進歩とともに、比較的小さな地震にいたるまで世界中どこで地震が発生してもM_0が広く決められるようになってきた。それに伴って現在M_wはM_sに代わって、世界のマグニチュードの標準になりつつある。

一九九〇年の武村の検討結果を元に、震源深さHが六〇km以浅の地震の気象庁マグニチュードM_jとモーメントマグニチュードM_wの関係を求めると以下のようになる。

プレート境界地震

$$M_j = M_w - 0.07 \quad (M_j \fallingdotseq M_w)$$

$$(8.0 \geqq M_j \geqq 5.0)$$

地殻内地震

$$M_j = 1.25\,M_w - 1.33$$

$$(8.0 \geqq M_j \geqq 5.0)$$

プレート境界地震では通常M_jとM_wはほぼ同じ値を与えるが、地殻内地震では、地震規模が大きくなるとM_jがM_wよりかなり大きめになる性質がある。

なお、気象庁マグニチュードM_jは二〇〇三年九月二五日以降、震源が浅い大規模な地震を基準として、深い地震に対しても、また規模が小さい地震に対しても一元的にマグニチュードが決まるように評価方法が改訂された。その結果、M_wに対して値が大きくなる地殻内地震も含め、深さ六〇kmより浅い地震に対しては、坪井式で決められてきた従来通りの値と連続性を保つ一方、震源が深い地震や規模の小さい地震のマグニチュードはM_wに値が近くなるようになった。

近年、マグニチュードをM_wで統一しようとする考えもあるが、日本では地震観測がはじまる前の地震についての研究も盛んで、それらの地震に対しては、被害から推定された震度分布や津波の波高分布などからマグニチュードが推定されている。その際に参考にされるのが、より新しい地震に対するM_jとそれらのデータとの関係である。したがって歴史的な地震に対しても、結果的に気象庁マグニチュード相当のマグニチュードが決められている。過去の地震との連続性を考えると、気象庁マグニチュードM_jを簡単にやめることはできない。

表するマグニチュードを使うことが多く、表1-1のMも気象庁マグニチュードである。本書では、とくに断らない限り、マグニチュードといえば気象庁マグニチュードを指すことにする。

3　阪神・淡路大震災

関西には地震がない？

一九九五年（平成七年）一月一七日午前五時四六分、兵庫県南部地震（M七・三）が発生した。

「今も瞼を閉じると、平成七年一月一七日の事が甦ってまいります。神戸で生まれ育って六〇有余年、神戸の地震では棚の物が落ちてきたような記憶はありませんでした。私の家は、阪神高速が横倒れになっている映像を何度もご覧になったでしょうが、あの五〇メートルほど北側にあります。

一七日の早朝も、最初の揺れでいつもより強い揺れのように感じ、隣の部屋に寝ている息子を起こそうと、利き足である右足から座る姿勢をとろうとしたところ、地震が止まったのです。いつもの地震で震度三ぐらいかなと思った途端に「私は死ぬ！」と思う衝撃を感じ、それっきり気を失っていました。

どれくらい時が過ぎたのかわかりません。気が付いたら真っ暗闇で、私は目が見えなくなった、交通事故に遭って体が打ちのめされて動けないと思っていました。何も見えないので、地震で家が全壊して体が押し潰されているのも見えず、ただ、どうしようどうしようとだけ思っていました。

蛙のように、右足は折れ曲がり左足は伸ばした状態でうつ伏せになり、首も動かせませんでした。……」

［震災予防協会第20回講演会資料、二〇〇三より］

神戸市東灘区の自宅で震災に遭遇し、息子さんを亡くされた庄野ゆき子さんが書いた地震の瞬間である。庄野さんは当日の夕方の四時頃になってやっと救出されたが、それまでの約一〇時間、家の下敷きになったままだった。その間の、肉体的、精神的苦しみは想像を絶するものがある。こんな光景が神戸のいたるところにあり、亡くなられた五〇〇〇人以上の方のほとんどが、庄野さんの息子さんと同様に、家屋の倒壊で一瞬にして命を落とされたといわれている。

地震の後、神戸を含め関西地方には地震がないものと信じていたという一般市民の方たちの声があり、社会問題として取り上げられた。大阪に住むある主婦は、大地震は東海地震しかないと信じ、兵庫県南部地震による強い揺れを感じた直後、静岡にいる娘さんに急いで電話をしたというような、笑えない話もあったという。

では、本当に今まで関西地方に大地震はなかったのか、表1-1をもう一度みてみよう。兵庫県南部地震と同様の内陸地震は、一九五一年以前では、被害の上位から濃尾、福井、北丹後、三河、鳥取、庄内、浜田、北但馬、北伊豆と続く。山形県の庄内地震と静岡県の北伊豆地震を除くと、いずれも東海地方以西の西日本の内陸で起こった地震であることがわかる。

庄野さんも述べているように、この六〇有余年、神戸で棚の物が落ちるような地震はなかったこと

写真1-5　淡路島の北淡町に現れた地表地震断層［中田　高氏撮影，1995年1月19日］

も事実だが、六〇有余年の経験は、大地震の活動間隔に比べてあまりに短すぎる時間である。「関西には地震がない」。その誤った認識が被害をより大きなものにしたとすれば、やりきれないものを覚える。なぜなら過去の歴史は、関西地方で多くの大地震の被害を確実に伝えていたからである。

活断層と地震

阪神・淡路大震災を引き起こした兵庫県南部地震の震源断層は、淡路島では地表に顔を出し、大地がずれ動いた痕跡が、テレビや新聞、雑誌を通じて全国に伝えられた。写真1-5はその一つである。これを機に過去の地震の痕跡として残る活断層の下には、地震を引き起こす震源断層があるとの知識が広まり、防災上、活断層が大きな注目を集めて、一冊何万円もするような活断層分布の専門書が飛ぶように売れた。また国も活断層の大規模な調査を開始し、それ以後今日にいたるまで、活断層ごとの地震の繰り返し間隔や今後の地震発生に関するさまざまな情報が発表されている。

地震が発生したときに地表付近に出現する断層を、「地表地震断層」と呼ぶ。兵庫県南部地震の際、淡路島に現れたのも地表地震断層である。これに対し、主に揺れの原因となる地震波を発生させる、いわば地震の本体である地下の断層は、「震源断層」と呼んで区別している。地表地震断層は震源断層の動きに地表面付近が引きずられてできた結果である。

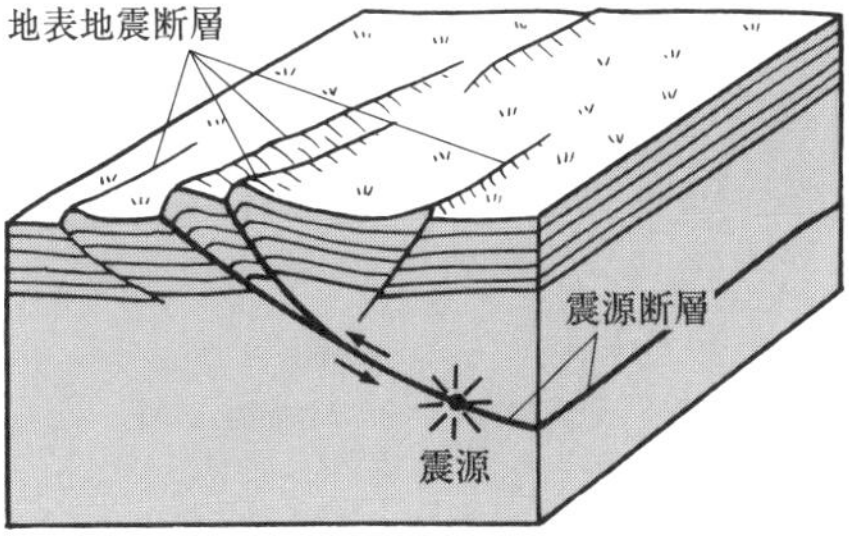

図1-4　震源断層と地表地震断層［松田，1992に加筆］

一方、活断層は震源断層が繰り返しずれ動き、何度も同じところで地表地震断層を生じた結果生まれる地形の傷跡といえる。兵庫県南部地震の地表地震断層も、以前から知られていた野島断層という活断層に沿って生じた。つまり、今回の地表地震断層の出現は、今まで何度も地表地震断層が出現し、野島断層を形づくってきた活動の一環であるといえる。図1-4に震源断層と地表地震断層との関係を模式的に示す。

内陸で起こる地震を地殻内地震と呼んでいるのは、それらの地震が内陸の地殻内、しかもその上部に限って震源断層を持つから

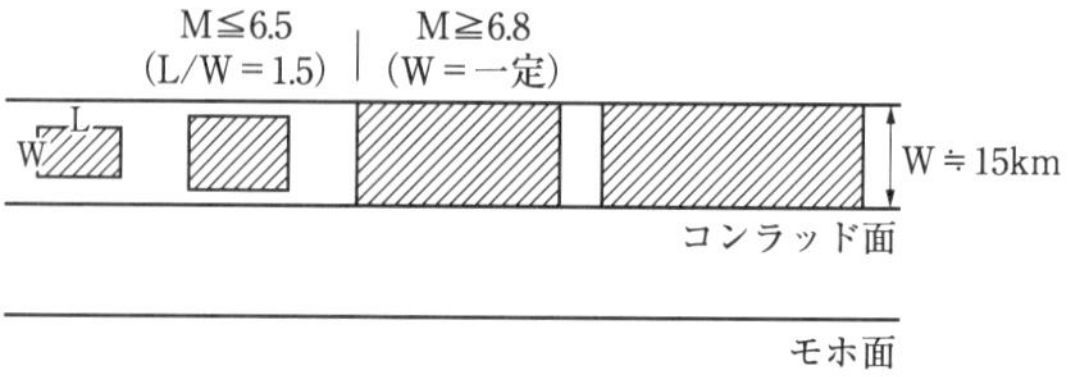

図 1-5　地殻内での地震の発生域と地震規模　L と W は震源断層の長さと幅，M は気象庁マグニチュードを示す．

である。日本列島の内陸地殻は約三〇㎞の厚さを持ち、その下のマントルとの境界はモホロビチッチ不連続面（モホ面）と呼ばれている。そのうちの上部約一五㎞分が震源断層が存在できる上部地殻で、下部地殻との間はコンラッド不連続面と呼ばれる面で境されている。つまり、大まかにいえば、地殻内地震の発生層は、地表からコンラッド面までの間ということになる。

日本列島で過去に発生した内陸地震の断層の長さや深さ方向の幅を調べ、一方で地表地震断層を伴ったかどうかを調べると、マグニチュードが六・五〜六・八付近を境にして、それより大きい地震では、断層の幅が一五㎞付近で飽和し、同時にほとんどすべての地震が地表地震断層を伴うことがわかってきた。図1-5は、その様子を模式的に表したものである。つまり、それらの大地震では、幅方向に地震が発生する層の厚さに制限があり、長さ方向にしか断層が成長できないのである。

では、地震が起こった際に出現する地表地震断層の長さは震源断層の長さに一致するかというと、話はそう単純ではない。図1-6は、地表地震断層の長さとマグニチュードの関係を地震ごとに黒丸で示したものである。マグニチュード六・五以下のデータがないのは、前述の説明からわかるように、小さな地震では震源断層がすっぽりと地震発生層に含まれてしまって、地表

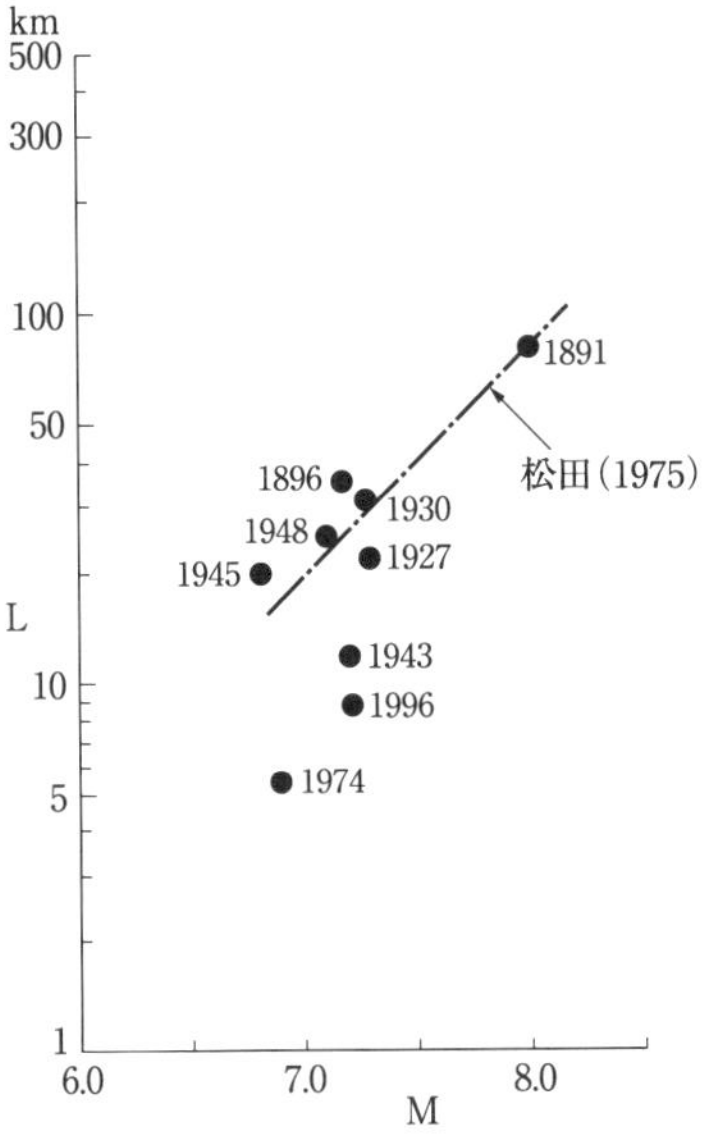

図1-6　地表地震断層の長さ（L）とマグニチュード（M）の関係［武村，2000に加筆］
松田（1975）の直線は，震源断層（または活断層）の長さとマグニチュードの関係を示す経験式．

地震断層を生じないことを表している。図の直線は、震源断層の長さとマグニチュードの関係を表す経験式で、一回の地震で生じる地表地震断層の長さは、同じ規模の地震でも大きくばらつくが、ほぼすべてが直線のレベルと同じか、短いことがわかる。地表地震断層が震源断層の動きに引きずられてできることを考えれば、地表地震断層が震源断層より長くならないのはもっともな結果であるといえる。また一方で、震源断層の長さはマグニチュードに比例するが、同じ規模の地震でもそれぞれの地震の地表地震断層の長さは、相当なばらつきを持つこともわかる。

これに対し、活断層は地下の震源断層が何度も何度も動き、そのたびに生じた地表地震断層が、積もり積もって地形に傷をつくるために、ほぼ地下の震源断層の位置に対応する

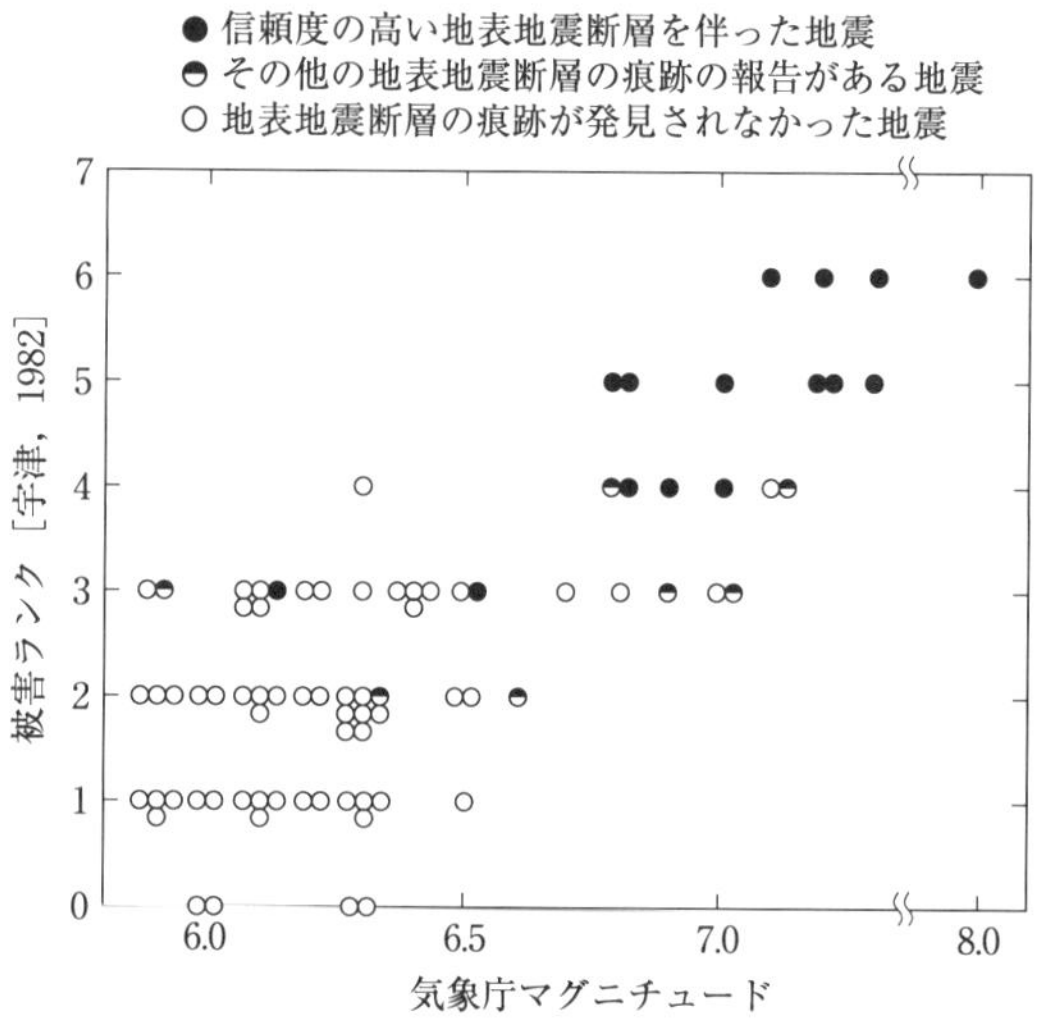

図 1-7　地表地震断層出現のメカニズム［武村，1998 に加筆］
地表地震断層出現の有無を考慮した地殻内地震のマグニチュードと被害ランク．

と考えられる。きたるべき地震動を評価するために、地殻内地震の震源の規模を、図1-6の直線の関係を用いて、活断層の長さから評価することが多いのはそのためである。

兵庫県南部地震の際にも、地表地震断層は淡路島の野島断層沿いの約九kmしか現れなかったが、余震の分布や地震記録の解析、さらには地殻変動のデータなどから、震源断層は神戸市の下にまでのびていたことがわかっている。推定された震源断層の上には、野島断層の延長線上に、須磨断層、諏訪山断層など六甲断層系の一連の活断層があり、兵庫県南部地震と同様の地震が、以前から何度も何度も繰り返し、その間には、神戸市側に地表地震断層を生じたことが何度もあったことを示唆している。その活動の繰り返しが、神戸の人々の故郷の山である六甲山を高く形づくっていたのである。

このように、活断層はその下に隠れている地殻内地震の震源断層を探し出すのに役に立つ情報を、われわれに与えてくれる。しかし、図1-5で説明したように、M六・五より小さい地震では、そもそも地表地震断層が生じる可能性はきわめて低く、活断層データに基づく震源断層の特定がむずかしくなる。

図1-7では、一八八五年から一九九五年にわが国の陸域で発生したM五・八以上のほぼすべての地殻内地震に対し、地表地震断層の出現の有無だけでなく、引き起こした被害の程度とマグニチュードの関係を示している。

図から二つの重要な点を指摘することができる。一つは、M六・五以下の地震では、被害ランク［注3］はほとんどが3（複数の死者または複数の全壊家屋が生じる程度）止まりであるが、M六・八以上の地震では、非常に大きな被害をもたらす地震があるということである。もう一つは、M六・五以下の地震のグループでも、M六・八以上の地震のグループでも、その中では地表地震断層が発見されてい

［注3］　被害ランク（宇津、一九八二）　1：壁や地面に亀裂が生じる程度の微小被害。2：家屋の損傷、道路の破損などを生じる程度の小被害。3：複数の死者または複数の全壊家屋が生じる程度。4：死者二〇人以上または家屋全壊一〇〇〇戸以上。5：死者二〇〇人以上または家屋全壊一〇万戸以上。6：死者二〇〇〇人以上または家屋全壊一〇万戸以上。7：死者二万人以上または家屋全壊一〇〇万戸以上。

るものの被害が相対的に大きいことである。このことは、地表に断層を生じる地震は震源断層が浅く、その分強い地震動が広範囲にもたらされ、被害が大きくなる可能性を示唆しているように思える。

このほかにM六・六と六・七の地震数が少ないことが指摘できる。これは偶然ではなく、震源断層が地表に突き抜ける影響で、マグニチュードに不連続が生じるためではないかという意見もあるが、はっきりした原因はわかっていない（武村、一九九八）。

地表付近の活断層を調査し、将来の地震を予測するとき、今までに地表地震断層を生じていない地震のことが気になるが、図1-7の結果から推察すると、それらの地震はマグニチュードが小さいか、または震源断層の位置がやや深く、その分揺れの程度が多少弱くなり、被害の程度も最大級のものに比べれば、やや小さくなることが予想される。しかしながら被害の程度がやや低いとはいえ、被害ランク3の内容をみると、決して油断できない程度である。

二〇〇三年に発生した宮城県北部地震（M六・四）はこの種の地震であり、はっきりとした活断層で発生した地震ではないが、震源直上の地域にかなり大きな被害をもたらした。活断層が近くに認定されていないからと言って、地殻内地震に対する備えを怠るとすれば、不幸な結果が起こることも十分にありえることを強調しておきたい。

明暗を分けた地盤――「震災の帯」はなぜ生じたか?

兵庫県南部地震の後、活断層の脅威が叫ばれたが、震源断層がずれ動いた真上でも大きな被害が出

写真 1-6　兵庫県南部地震による震源近傍の墓地の様子［武村雅之撮影, 1995］
上段：神戸市東灘区御影山手御影霊園, 中段：神戸市東灘区御影町石屋霊園, 下段：西宮市上田中町上田墓地.

たところと出なかったところがあることは、それほど一般には知られていない。写真1-6はいずれも震源直上の地域での、地震直後の墓地の様子である。三者三様に揺れ方の違いをよく表している。とくに御影山手と御影町の墓地は、歩いてせいぜい五分程度のところにあるが、被害の様子はまったく違っている。

地震の際にわれわれが感じる地震動は、地下で震源断層が動き、それによって生じる地震波が伝わってきたものである。その強さは、われわれの足元の地盤によって大きく

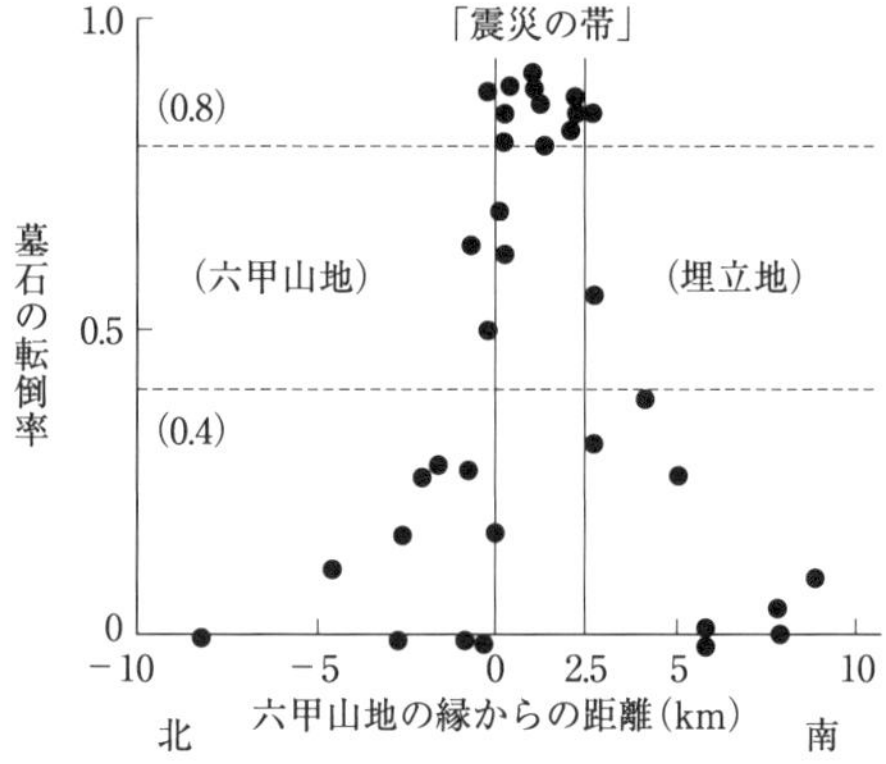

図 1-8　六甲山の縁からの距離と墓石の転倒率の関係
[Takemura and Tsuji, 1995 に加筆]

変動する。大阪湾に面する神戸・芦屋・西宮地域は、海岸線から北に向かって五kmも歩くと、どこでも道は急な昇り坂となり、御影石と呼ばれる花崗岩でできた六甲山地に入る。

図1-8は、兵庫県南部地震の際に調査した墓石の転倒率を、六甲山地の縁からその墓地までの距離に対して示したものである。縁から南側の海岸に向かって約二km半程までのところで転倒率が〇・八以上と高く、地震による揺れが強かったことがよくわかる。この地域は住宅が多数全潰して多くの死者を出し、地震直後から「震災の帯」と呼ばれている地域である。

これに対して、北側つまり六甲山地では、急激に転倒率が下がる。先に示した写真1-6の神戸市東灘区御影山手の御影霊園は、六甲山地の花崗岩の上にあるが、そこから少し南に下った同区御影町の石屋霊園は震災の帯にかかる地域にある。

一方、大阪湾に沿っては、逆に軟らかい土でおおわれた埋立地が広がっている。図1-8に示すように、この地域でも墓石の転倒率は〇・四以下に下がっている。普通軟らかい地層があると地震波が大きく増幅されるのであるが、この場合には軟らかい地層が地震波のエネルギーを逆に吸収して、揺れを抑える効果があったのではないかと考えられている。しかし、軟らかい地盤は地震の際に沈んだり、横に動いたりするため、道路に亀裂が生じたり、橋が落ちたり、港の岸壁が壊れたり、せっかく揺れで潰れなかった家やビルも結局は傾いたりと大きな被害を生じた。

写真1-6の一番下の写真は、西宮市上田中町の埋立地にある上田墓地の様子である。この地域で起こった被害の特徴をよく表している。墓石はほとんど落下していないことから、揺れはそれほど強くはなかったと推定されるが、地盤の液状化によって墓石の不同沈下が生じ、あるものは傾き、あるものは基壇ごと砂の中に埋没している。

このように、震源から同じような距離にある地域でも、表層地盤の違いによって地震動の性質が大きく変わることがわかる。では、なぜ六甲山地と海岸の埋立地との間にこれほどはっきりとした「震災の帯」が生じたのだろうか。

地震後の研究によって、直下の地盤が地震動を増幅させやすいというだけでなく、六甲山や大阪湾を含めた大きな基盤の形状が、生成に関与していたことがわかってきた。この点については第3章でさらに詳しく述べられるが、いずれにしても、兵庫県南部地震の最も大きな教訓は、地盤構造によって地震動の強さが大きく変わり、ほんの数百メートル離れただけでも、被害の明暗を分けてしまうということである。

震度七を起こした地震

兵庫県南部地震による「震災の帯」は、気象庁による震度階では最高の震度七の強い揺れが襲った結果生まれた。表1-1で述べたように、内陸の直下で発生する大地震が約半世紀にもわたり発生しなかったこともあって、当初は関東地震にも勝る揺れなどといわれて、初めての体験であったかのごとき扱いであった。

表1-3に示した震度七の定義「激震：家屋の倒壊が三〇％以上に及び、山崩れ、地割れ、断層などを生じる」をもとに、地震被害に関してかなり正確な資料がある明治以後の地震について、震度七の出現の様子を探ってみた。その結果、ある一定の範囲が震度七となった地震は図1-9に示すような地震で、このほかに一九二三年の関東地震がある。関東地震だけがプレート境界地震であり、それ以外はいずれも地殻内地震である。先に述べたように、関東地震もプレート境界地震としては珍しく震源断層が内陸の直下にかかっており、その意味では、ここに示したすべての地震がわれわれが生活する場所のすぐ足元で、震源断層がずれ動いたという共通点を持っている。なお二〇〇四年の新潟県中越地震でも川口町で震度七が発表されたが、現地の被害状況などから判断して、震度七の範囲がそれほど広がっているとは思えなかったので、図には加えていない。

また、関東地震はもちろんのこと、図1-9にあるすべての地震は、表1-1の二〇位に入る被害地

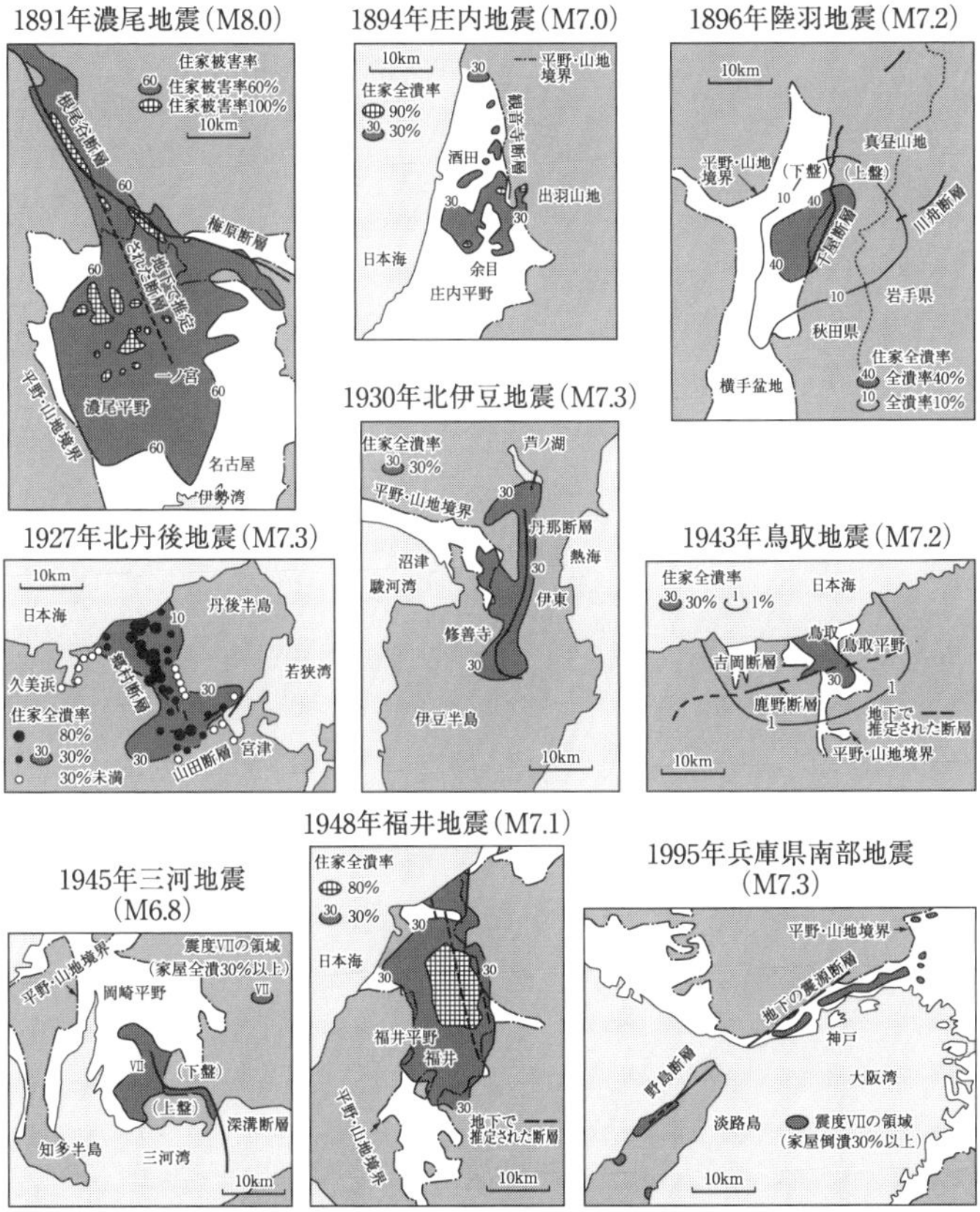

図 1-9　明治以後に広い範囲で震度 7 を記録した地殻内地震による震度 7 の分布と平野の関係 [武村ほか，1998]

濃い網の部分が震度 7，網目の部分はとくに揺れが強かった地域．一点鎖線で囲まれた部分が平野の分布を示す．

震である。地殻内地震の発生について述べたように、震度七も一九五〇年以前は、五年から一〇年に一度、日本のどこかで起こっていた勘定になるが、それ以後は一九九五年の兵庫県南部地震まで、約五〇年間も発生しなかった。初めての体験のようにいわれてても仕方がなかったのかもしれないが、それが地震という現象の難しさでもある。

図1-9を再度みると、斜線の部分がほぼ震度七の範囲で、木造家屋の全潰率（倒潰率）三〇％以上の地域を示している。地震によっては住家の全潰率でさらにその中を区分し、揺れがとくに強い地域を表しているものもある。地震ごとに震度七の範囲が比較できるように、各図の縮尺はそろえてある。

いずれの図でも、震源断層の続きとして地表地震断層が出現した活断層や、その下に震源断層があるのではないかと思われている場所を実線や点線で示している。これら震源断層の位置を示す線に沿って、両側一km足らずの幅で震度七の領域が細長く続いている箇所が多くみられる。濃尾地震の根尾谷断層沿い、北伊豆地震の丹那断層沿い、北丹後地震の郷村断層や山田断層沿い、三河地震の深溝断層沿い、兵庫県南部地震の野島断層沿いなどがそれにあたる。地震の規模を表すマグニチュードMが大きいほどその領域が長くなることもわかる。

しかし、それ以上に目立つのは、断層から一〇kmないしはそれ以上離れたところまで震度七となっている地域である。これらはどんな場所なのだろうか。

図1-9の一点鎖線で囲まれた領域は平野、その他の部分は山地・丘陵地である。ここでは、約一

〇万年前以降、多くは一万年前以降の、地質学的には比較的新しい時期に地層が堆積した地域を平野、その他の地域を山地として区別している。震度七の地域が大きく広がっている領域を見ると、濃尾地震の際の濃尾平野、庄内地震の際の庄内平野、陸羽地震の横手盆地、鳥取地震の鳥取平野、三河地震の岡崎平野、福井地震の福井平野などがそれに対応する。これらの地域では、地盤を構成する地層が軟らかく、地震の際の揺れが増幅しやすいために、震源からある程度離れていても震度七になったものと考えられる。兵庫県南部地震でも神戸側では震源断層の直上ではなく、平野の中に震度七の帯があることは、同様の関係があることを示している。

一方、山地や丘陵地に注目すると、鳥取地震のように吉岡断層や鹿野断層など断層が地表に現れた地域でも、震度七になっていないところもある。先に述べた断層沿いに細長く震度七の帯が続く地域も、ほとんどが山地に含まれていることを考え合わせれば、山地では地盤が硬く、震源断層の近くでも揺れがそれほど大きくならなかったものと考えられる。

以上のことをまとめると、震度七の強い揺れは日本の歴史を一五〇年もさかのぼれば何度も起こっており、それほど珍しいことではないこと、平野では少しくらい震源から離れていても震度七の強い揺れに見舞われることがよくあることがわかる。もともと日本では平野に多くの人々が暮らしてきたが、近年ますますその傾向が強くなっている。兵庫県南部地震による震度七の揺れの範囲はほかの地震に比べ決して広くはないが、六甲山地と大阪湾にはさまれた猫の額ほどの平野に人口密集地が形成され、そこを震度七の揺れが襲った結果、多くの家屋が全潰し、死者は有に五〇〇〇人を越える大きな被害を出してしまった。

本書の主題の一つである地盤と揺れの強さの関係が、地震災害を知り、防ぐ上でいかに重要であるかがわかっていただけたと思う。地震による強い揺れ（強震動）の解明がどのように進んでいるか、最先端の科学的成果を、以下の各章で詳しく説明していきたい。

2 強震動はなぜ生じるのか

1 断層運動と地震波

プレート運動と地震の発生メカニズム

この章では強震動を発生させる源である「震源断層」について説明しよう。第1章で述べたように、地震の発生にはプレートの相対的な運動が深く関わっている。そこでまず、プレートの運動について復習してみよう。

第1章で説明したように、地球は厚さ約一〇〇kmの何枚かの「プレート」と呼ばれる岩盤によっておおわれている。プレートはプレート下でのマントル対流によって生成され、移動している。隣り合う二つのプレートの境界ではプレート同士がぶつかりあっていたり、プレートの下にもう一つのプレートが沈み込んでいたりしている。日本列島は東西南北に太平洋プレート、ユーラシアプレート、フィリピン海プレート、北米プレートと四枚のプレートがひしめきあっているところに位置している。岩盤がぎゅうぎゅう押し合っているところでは、岩盤がひずんでいる。そのひずみを岩盤の破壊によって解放する現象が地震である。日本近辺で起きる地震は、大別して「プレート境界地震」と「プレート内地震」に分けられる。

プレート境界地震は、陸側のプレートの下に沈み込もうとする太平洋プレートやフィリピン海プレートとの境界で発生する地震である。最近の地震でいうと、太平洋プレートとの境界では、一九六八年十勝沖地震や、一九七八年、二〇〇五年宮城県沖地震、二〇〇三年の十勝沖地震がそれにあたる。フィリピン海プレートとの境界では、一九四四年東南海地震、一九四六年南海地震がその例である。これらはマグニチュード（M）八クラスの巨大地震で、広域で強い揺れが観測される。

歴史的には、一七〇七年の宝永地震が日本近辺で起きた最大級の地震で、フィリピン海プレートとの境界のうち、東海地震・東南海地震・南海地震の領域、長さ約八〇〇㎞の岩盤が一気に壊れたと考えられている。この地震によって、東日本から西日本広域に地震および津波の大被害を起こした。

もう一つのプレート内地震には、陸側のプレート（ユーラシアプレートや北米プレート）の中で起きる地震と、陸側のプレートの下に沈み込んでいく太平洋プレートやフィリピン海プレートの中で起きる地震がある。

陸側のプレートの表面近くの「地殻」が壊れて起きる地震を、「地殻内地震」という。この地震活動の繰り返しが活断層となって地表に現れる。地震の規模はM八くらいまでで、多くはM七クラスの地震だが、震源が都市の直下にある場合には、そこでは強烈な揺れに襲われ、甚大な地震被害を引き起こして社会へ大きな影響を及ぼす。阪神・淡路大震災を引き起こした、一九九五年兵庫県南部地震、二〇〇〇年一〇月鳥取県西部地震、二〇〇三年七月に起きた宮城県北部地震、二〇〇四年一〇月の新潟県中越地震、二〇〇五年三月の福岡県西方沖地震がこれにあたる。このタイプの地震は、プレートが押し合っているために、プレートの境界のみならず、陸側のプレートの内部にもひずみがたまっていて、それが解放される現象と理解することができる。

もう一つの沈み込むプレートの中で起きる地震を「スラブ内地震」と呼ぶ。沈み込むプレートが板状（スラブ）であるために、このスラブの中で発生する地震を総称してこう呼んでいる。スラブ内地震の例としては一九九三年釧路沖地震や二〇〇一年芸予地震、二〇〇三年五月の宮城県沖地震などがある。釧路沖地震は約一〇〇km、芸予地震は約五〇km、宮城県沖地震は約七〇kmの深さで起きた。深い地震ほど、単位面積あたりのひずみの解放量が大きく、したがって短い周期の波がたくさん放出されることと、地震波が伝わってくる岩盤の特性の違いから（プレートの中の地震波の減衰は、ほかに比べて弱いため、遠くまで伝わりやすい）、同じ規模のプレート境界地震や地殻内地震と比べ、震源から遠いわりには、短い周期の揺れが強く観測されるという特徴がある。

日本とその周辺は、ここに述べた三つの種類の地震が起きる環境にある。

震源断層とずれ破壊

岩盤の破壊について、地殻内地震を例にとってさらに詳しくみてみよう。

岩盤の中では、そこから地表までの岩盤の重さが上からかかっているので、岩盤の中でのひずみの解放のしかたは引っ張り破壊ではなく、「ずれ破壊」となる。ずれ破壊は地中のある一点から始まり、周囲に広がっていく。破壊が始まった場所を「震源」（もしくは破壊開始点）といい、ずれ破壊が起きた領域を「震源断層」という。ずれ破壊の領域が大きくなると地震の規模も大きくなっていくが、地中のずれが地表まで到達し、地表でずれが観察されることがある。これが「地表地震断層」である。なお、震源の直上の地表の点を「震央」という。

一九九五年兵庫県南部地震を例にとれば、震源（破壊開始点）は明石海峡直下約一七㎞の深さにあり、震源断層は六甲・淡路断層系に沿って北東三〇㎞、南西二〇㎞のだいたい五〇㎞くらいの範囲であったことが、余震分布を始めとする地震学的・測地学的調査でわかっている。このうち淡路島の野島断層には地表地震断層が観察された。

ここで出てきた六甲・淡路断層帯や野島断層は、「活断層」である。活断層が地表地震断層の繰り返しによりできるのであれば、活断層と地殻内地震は非常に密接な関係があると考えることができる。つまり活断層は震源断層の端（てっぺん）を表しており、将来のひずみの解放の候補地、つまり地震がここで起きる可能性が高いということである。

岩盤の中でずれ破壊が起きると、そのずれ破壊は周りの岩盤を揺らすことになる。岩盤はその揺れを伝えていくだろう。綱引きに使うような長い綱がグラウンドにのばしてあるとする。その端をあなたが持って、一回鞭のように動かしてみよう。うまくやれば、逆U字の形をした波が、もう一方の端へ向かって進んでいく。あなたの動きが震源で、綱（岩盤）を揺すった結果、綱が信号（揺れ）を伝えている。どういう形が伝わるかは、あなたがどのように綱に力を加えて揺らしたか、また綱が太いか細いか、どんな綱なのかによって違う。つまり、観測される地震波は、岩盤の中でのずれがどのように起きたか、またそこで発生した地震波がどのようなところを伝わってきたかで決まる。

次節では、揺れの記録から、岩盤の中でのずれ破壊、つまり断層運動がどのように調べられるかについて述べる。

2 震源断層の動きはどのようなものか

断層のずれ破壊

ここではまず、断層での地層のずれ破壊の特徴について説明しよう。ずれを記述するには二つの速度が定義されている。一つはずれ破壊が広がる速度、もう一つはずれ破壊そのものの速度である。

ずれ破壊は震源に対応する一点（破壊開始点）から始まり、ずれを起こす領域（断層面）が広がっ

コラム●地震動を構成する波

地震動は地面の動きであり、その強弱や周期特性（ゆっくりした揺れか速い揺れか）が地震災害と関係する。このような地震動を何らかの方法で記録することが、強震動の科学的解明の第一歩となる。

地震波は、一般的には図Aに示すように、P波・S波・表面波で構成されている。P波は縦波とも呼ばれ、圧縮伸張による体積の変化が伝播する粗密波である。一方、S波は横波ともいい、断層運動による媒質のずれ変形が伝播するせん断波である（図B参照）。P波はS波よりも伝播速度が大きくて早く観測点に到達し、カタカタとした短周期の初期微動部（P波到来からS波到来までの部分）を構成する。一方、S波はP波に比べて振幅の大きいゆっくりした震動をもたらし、地震

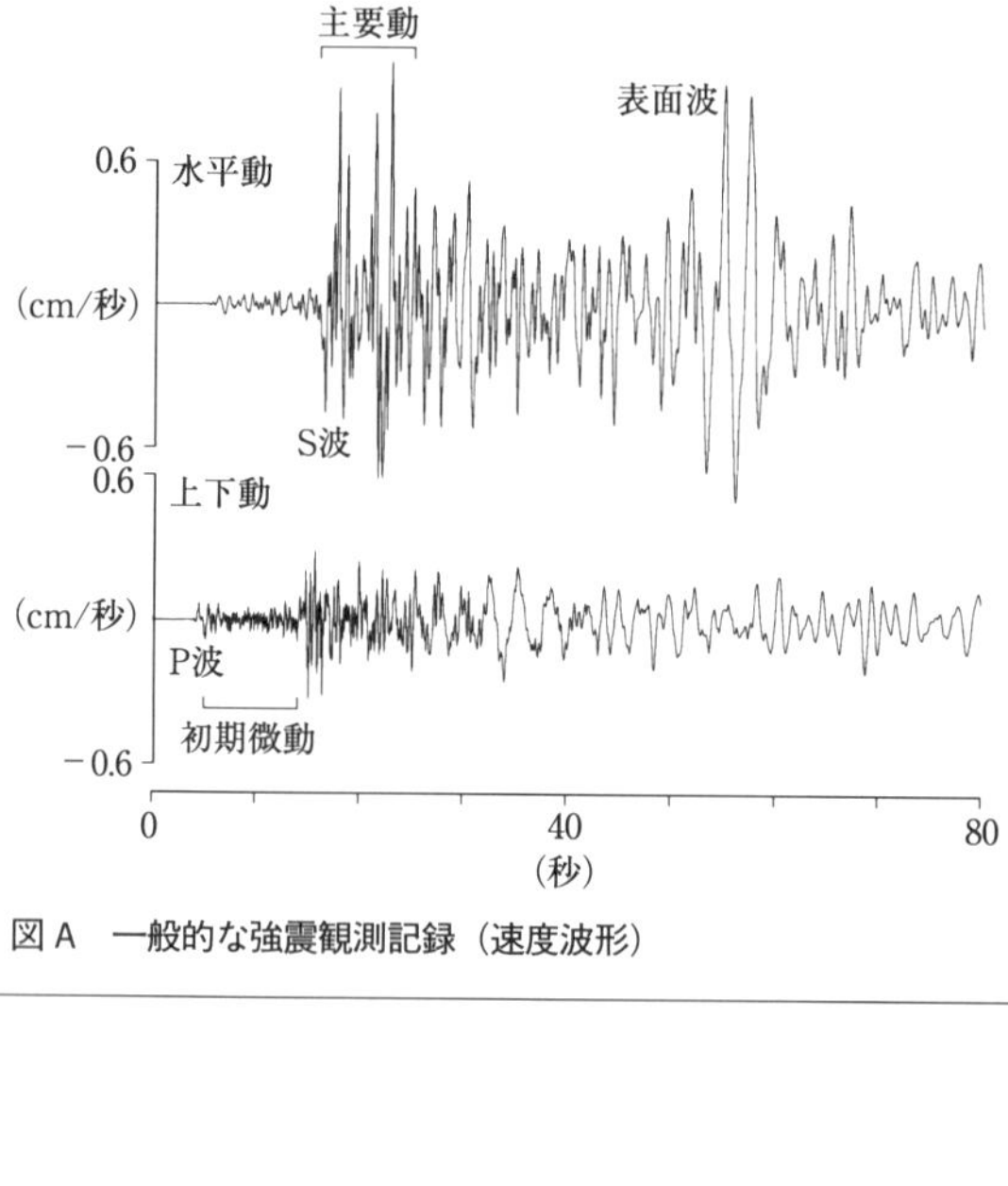

図A　一般的な強震観測記録（速度波形）

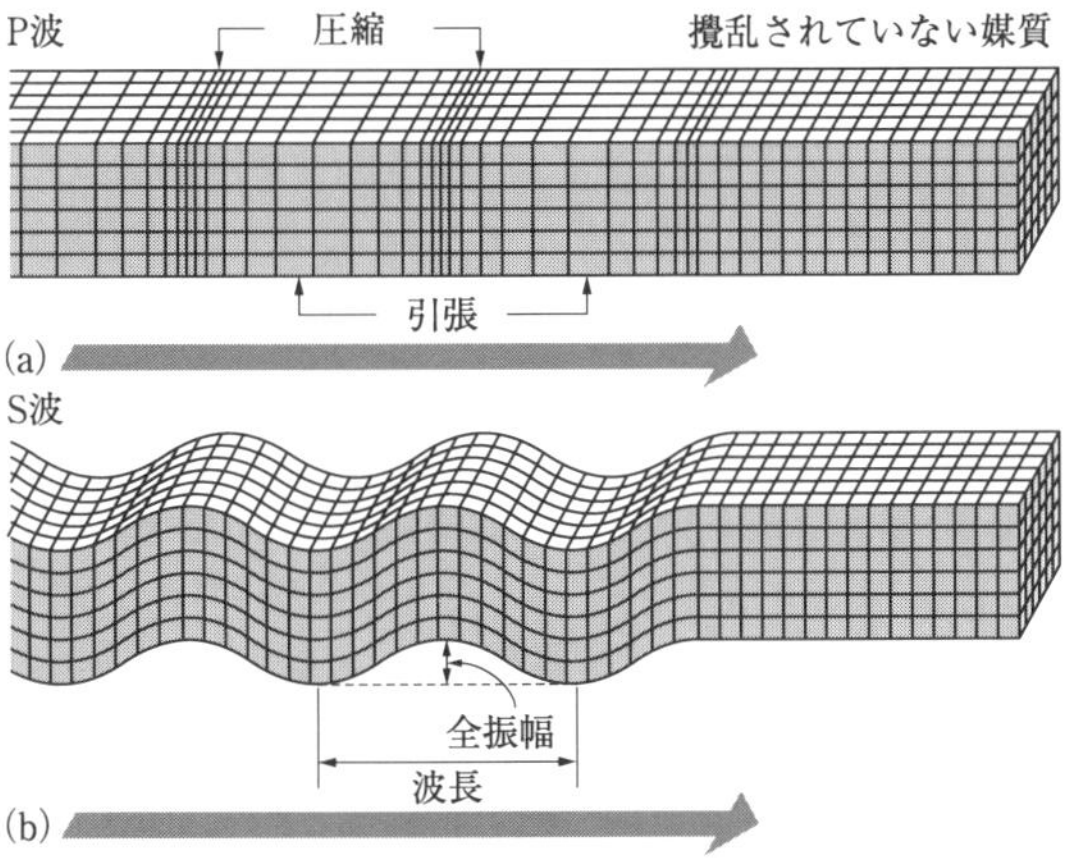

図B　P波とS波の伝わり方［Bolt, 1976］

動の主要動部を構成する。

P波とS波は震源から地球内部を三次元的に広がって伝わるのに対し、表面波は地球の表面、つまり地表面に沿って二次元的に広がって伝わる波動である（第3章参照）。表面波はS波よりもさらにゆっくりとした揺れをもたらし、伝播速度がS波より小さいために主要動に比べて遅れて到達する。堆積層の厚い堆積盆地などでは表面波の振幅の方が大きくなる場合があるが、一般の中・低層建物にはS波主要動の地震被害に及ぼす影響が最も大きい。

ていく。ずれ破壊が広がる速度は非常に速いが、ある有限の速度であり、これを「破壊伝播速度」という。このことは、手で紙を破る実験を考えてみると理解しやすい。断層運動は、紙が必ずどこか一カ所から破れ始め、破れが伝わっていくことと類似している。それに対して、ずれ破壊そのものの速度というのは、断層面に沿って相対する地層がずれる速度のことである。

ずれ破壊を室内で再現した実験を例にしてみてみよう。縦横それぞれ二八cm、厚さが五cmの厚めの踏み石といったくらいの花崗岩を対角線で切り、切り口を再び合わせてそれを上下、左右から押す。切り口の断面は仮想の断層面といったところだ。断面のそばには、非常に小さなずれでも検知できるセンサーをはりつける（図2-1上）。

上下と左右から押す力が同じであれば、当然ずれは起きない。しかし、それらが違うと、たとえば左右からしか押さないとすれば、切り口がずれることは予想できるだろう。小さな力で押しているときには、ずれは起きない。これは、断面がつるつるではなくてでこぼこがあるため、でこぼこがひっかかってずれが始まらないからである。押す力をだんだんと強くしていくと、ある時点でずれることになる。

図2-1下は、断面各点におけるずれと力の時間変化を示したものである。右の図の太い線は、1～6地点のずれの時間変化で、細い線はずれ破壊そのものの速さを表している。一方、左の図は1～6地点にかかっている力の時間変化を表している。両方の図を比較してみてみると、ずれることによってひずみが解放されるので、断層面付近にはたらく力が小さくなることがわかる。

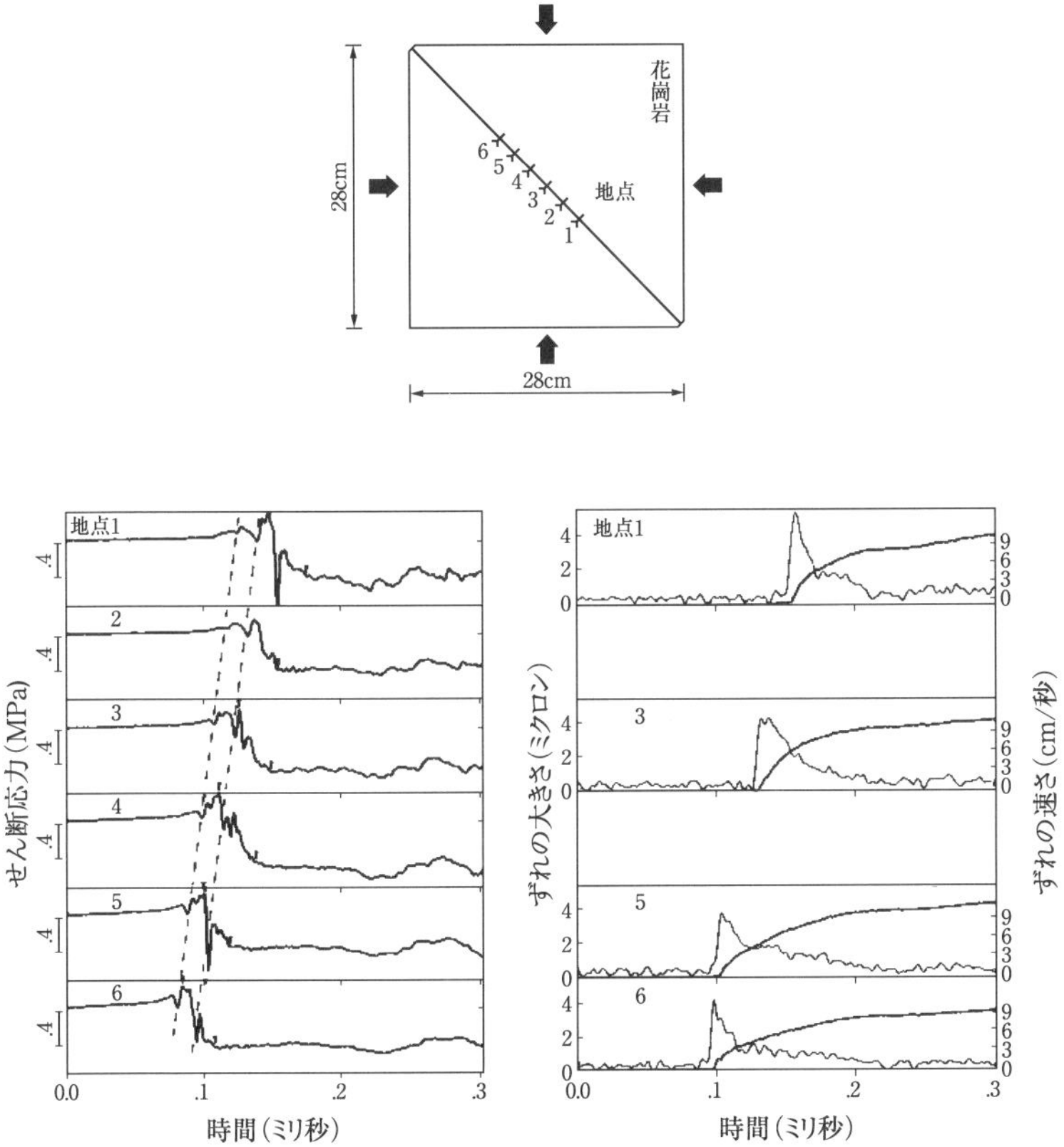

図 2-1　上：花崗岩を押して，斜辺をずらす実験． 地点 1〜地点 6 はずれを測るセンサーの位置．

下左：ずれが起きたときの各点での力の変化． 横軸は時刻，縦軸はずれの力．

下右：ずれが起きたときの各点でのずれ（太線）とずれ速度（細線）． 地点 2，4 は欠測．

[Ohnaka *et al*., 1986]

頭の中のイメージでは、ずれは一瞬で起きるように思う。実際、この図の横軸は時間軸だが、全体で〇・三ミリ秒ととても短い。しかし、力の変化とずれはじめは、地点6が一番早く、地点6から地点1に向かって変化し始める時刻が遅れていることがわかる。つまり、ずれ現象（破壊）が地点6から地点1の方に伝わっているのである。このように断層面でのずれ破壊は同時に起きるわけではなく、ある速度（破壊伝播速度）で伝わっている。岩盤の中で起きている地震の場合は、この破壊伝播速度は秒速二〜三㎞と推定されている。また、この値は地震の規模にはほとんど依存しない。

一方、ずれそのものの速度は、図の右の細い線にあるように、動き始めで速度が大きく、時間が経つにつれて小さくなる特徴がある。実際の地震においても、このようなずれ破壊が起きていると推定されており、最大ずれ速度は毎秒数メートルと考えられている。

震源断層の大きさ

地震の規模を表すものさしとして、第1章でも述べたように、「地震モーメント」という量がある。地震モーメントは、断層面積とずれの平均量と岩盤の硬さを表す物性値（剛性率）を掛け合わせたもので表現される。いろいろな規模の地震の、断層面積に関係する量（簡便のために、長方形の面積をあてはめたときの長さと幅）とずれの平均値を調べてみると、地震規模は断層の長さ、幅、ずれ量にそれぞれ比例していることがわかった。つまり断層が長く幅が広いほど、ずれ量が大きいほど、地震の規模は大きくなる。

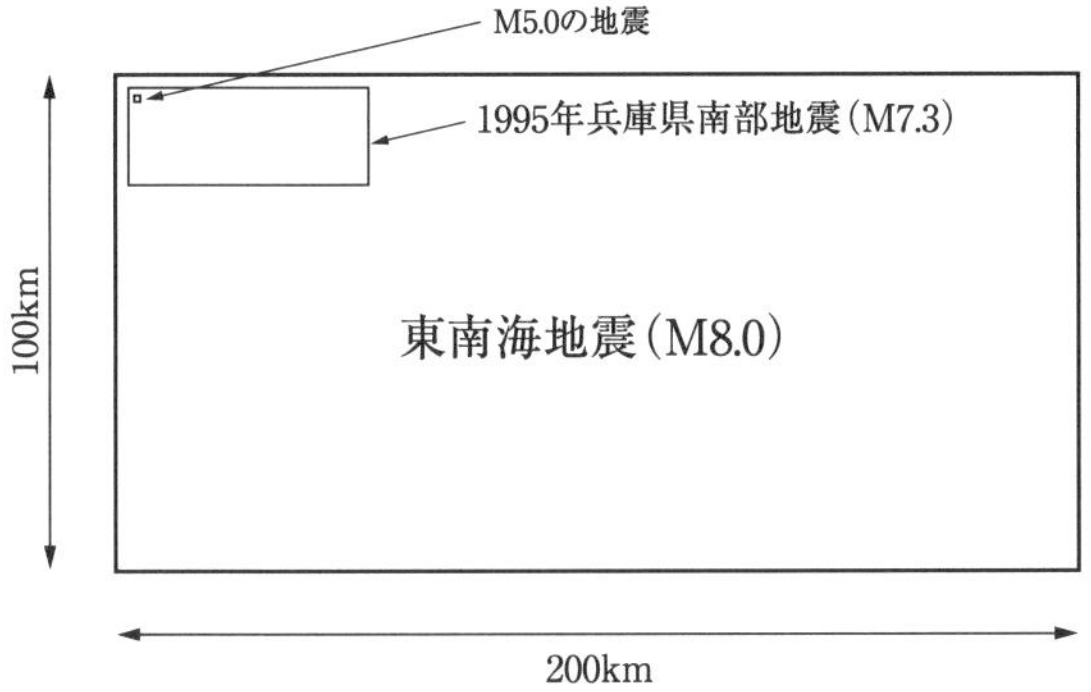

図 2-2　断層の大きさの比較図

この関係は、かなり広い範囲の地震規模にわたって成り立っていることが示されており、「地震の相似性」と呼ばれている。ずれの量を領域（長さ）で割ったものは、ひずみに比例するが、地震が岩盤の中のひずみを解放する現象であることを思い出せば、このような関係は、震源域での岩盤の強度がおおざっぱにいって一定であるということになる。

地震規模に対しての断層面のサイズは、M五で一平方kmくらい、M七（兵庫県南部地震クラス）は数百平方kmくらい、M八（南海地震クラス）ならば数万平方kmとなる。淡路島や琵琶湖の面積がだいたい六〇〇平方km程度なので、M七の地震はこれくらいの断層面が地中でずれているということだ。また一九四四年東南海地震はM八・〇だったが、二万平方kmという断層面が生じたと考えられている。これは四国四県に匹敵する大きさである。図2-2に示すように、地震の規模による断層面の大きさの違いは非常に大きいのである。

地震規模に比例するずれ量は、M七なら平均二m程度、M八では五～一〇mにも達する。一九九五年兵庫県南部地震の

写真 2-1　1999 年台湾集集地震のときに現れた地表地震断層［1999 年 11 月山中浩明撮影］

とき、野島断層には約二mの横ずれが現れた。台湾で発生した一九九九年集集《チチ》地震では、地表地震断層の北端で一〇m以上の逆断層の食い違いが出現し、ダムや橋梁などの構造物を破壊した。写真2-1は集集地震の際に現れた、学校のグラウンドでの地表地震断層のずれである。縦ずれでも人の背丈ほどのずれが起きている。

数メートルから一〇mもの地表地震断層のずれは、それを運悪くまたいでいた構造物を引き裂いたり、基礎を傾けたりする。そこで米国カリフォルニア州やニュージーランドでは、主要な活断層の周辺には建造物をつくらない法律（活断層法）が制定されている。

活断層は地震のときの（地表）地震断層が繰り返し同じところでずれてできる。活断層の位置の推定は、断層のタイプやその地域の堆積地質環境によって困難さが違う。地表近くが軟らかい地層だと、地中の岩盤のずれを地層が曲がることによっておおい隠している場合もある（撓曲《とうきょく》）。日本はどこでも人口密度が高いので、前述の

コラム●震源断層の調べ方

大きな規模の地震が起きると、地表地震断層が現れ、その下に「本体」である震源断層があると推定されるが、地表地震断層が一部でしかみられなかったり、そもそも規模がそんなに大きくない地震で地表地震断層がみえなかった地震もあるし、プレート境界地震の「頭」は出ていたとしても海中だし…。そもそもスラブ内地震なんかは深くて地表地震断層なんか現れっこないのに、どうやって調べるんだろうか。

岩盤でずれ破壊が起きて、これまでたまっていたひずみを解放するわけだが、きれいさっぱりひずみを解放しているわけではなく、力が釣り合うために小さなずれ破壊がたくさん起きる。それを余震と呼んでいるが、余震が起きている位置を正確に決めることによって、本震のときの震源断層の面を推定することができる。

また、綱遊びのアナロジーで示したように、地面の中のずれ方によって地震動が決まるので、揺れの記録（地震記録）からも震源断層のずれの様子を知ることができる。地震波は地球の中を伝わるから、近くの強震記録から震源断層のずれの様子が推定できるし、また日本で起きた地震のずれの様子を、世界の地震観測点の記録から見積ることもできる。また津波を観測した場合に、その津波の様子から海底面の隆起沈降を見積ることによって、その下の岩盤のずれの様子を推定することもできる。

さらに、地中の岩盤がずれると、地表に近い震源断層であれば、地表がずれなくても地表の形が微妙に変わる。これを「地殻変動」というが、その分布から、地中のどの領域でどのくらいのずれが起きたかを調べることができる。日本には現在ＧＰＳによる地殻変動観測点が国土地理院によって整備されていて、オンラインで各地点の位置の変化がデータとして集められている。それらのデータによって、地震が起きたときの地中での地震断層の広がりまたは規模やずれの方向・大きさが求められている。地殻変動に関する情報は、測量を行うことによって正確な値を求めることができるが、数センチメートル以上の大きな変化であれば、人工衛星の合成開口レーダを使ったリモートセンシング技術によっても求めることができる。地震が起きた前後の地面の高さの変化（衛星から見た距離の変化）を地殻変動値として使うのである。これはGPS観測点がなく、人も行けないようなところで起きた地震の分析に威力を発揮する。

ような活断層法による土地利用に関する社会的合意を得ることは簡単ではないだろう。しかし活断層がどこにあるかを正確に示す活断層マップは、強震動の予測マップとともに、地震に強い社会をどのように築いていくべきかの基礎的な資料として重要である。

断層の運動時間と放射される波の特徴

地殻内地震の破壊伝播速度は毎秒二〜三㎞ということを述べたが、これと地震断層のサイズを比較すると、地震の大きさによる破壊継続時間がだいたいわかる。M五の地震のずれが起きている時間は一秒程度、M七なら一〇秒程度であり、M八の巨大地震になると、ずれ破壊が終わるまでに数分かかる。ずれ破壊が断層面で続いている間は、そこから地震波が出続けているわけだから、揺れが非常に長く続くことが予想される。

前節で説明した、フィリピン海プレートとの境界で起きる東南海地震や南海地震はM八クラスが想定されており、強烈な揺れが一〇秒くらいだった一九九五年兵庫県南部地震のときの震源域の神戸とは違う揺れ方をすると考えられている。

規模が大きい地震では、地震波を出している時間が長いとともに、周期の長い波を多く出す特徴がある。二〇〇三年十勝沖地震においては、震源から出た長い周期の地震動（第3章で述べるように、「やや長周期地震動」という）が石狩・勇払平野で増幅・伸長されて石油タンクを長い時間揺すり、それによって内容物の溢れ出すスロッシング事故が発生、火災につながったと分析されている。東南海地震の震源域付近で発生した二〇〇四年九月紀伊半島南東沖地震（M七・四）では、地震規模が小さかったので地震被害は引き起こさなかったものの、長時間のやや長周期地震動が大阪平野や濃尾平野、東京湾岸地域で観測された。

これらの現象は、M七後半〜八クラスの大〜巨大地震からの地震波の生成、および第3章でふれる地下構造による地震波の伝播特性の中で、やや長周期地震動の増幅に深く関係している。わが国の都市圏が深い堆積層を持つ平野の盆地構造の上に位置している限り、プレート境界巨大地震によるやや長周期地震動による被害は、さまざまな長大構造物を持つ現代社会にとって打ち勝つべき問題である。巨大地震の震源から生成される地震波の特徴や、地下構造による地震波の伝播特性を考慮した精度の高い強震動予測の重要性は、日に日に増しているといえる。

3　地震波を使って震源断層の動きを調べる

震源域の強震動

地震が起きたときに岩盤のずれの大きさがどのような分布をしていて、どのように破壊が進んだのかを知ることは、地震の発生メカニズムを知ることにつながるだけでなく、震源域で起きる強震動の生成メカニズムを知るのにも重要である。というのも、地表地震断層を伴うのは内陸の巨大な地殻内地震のみに限られていて、ほとんどの地震は地表からではみえない地中で起きている。そのためどのような断層破壊が起きたのかを知るには、地震記録や地殻変動記録を用いた推定が必要である。これは、地表地震断層を生じた内陸の地殻内地震でも同じである。地表地震断層では地震断層のある一部がみられるだけなので、地震の揺れを発生した断層運動が地中にあることにはかわりなく、地下の断層の動きの推定が重要である。

地表で測った地面の揺れから、地面の中の断層破壊がなぜわかるかについては、「紙破り」の実験を用いて、次のように考えることができる。あなたでない他人が紙を破ることを考えてみよう。紙を勢いよく破った場合と、ゆっくり破った場合では、聞こえる音が違う。耳で聞こえる「紙を破った音」は、紙が破れるときに紙が振動して空気を揺らしたものが、音として耳に到達したものである。紙の破れ方が岩盤の中のずれ破壊、耳で聞こえる音が地面を伝わり地表で観測された揺れと考えたらよい。

紙を破る人の手元が隠されていたとしても、私たちは破れる音を聞いて、勢いよく破ったかどうか、どのくらい破ったのかがある程度推測できるわけだが、これは、空気の中を伝わってくる音の経験をわれわれが持っているからである。これと同じように、岩盤の中を伝わってくる地震波がどのような特徴を持って伝わってくるかがわかっていると、岩盤の中でのずれ破壊の様子を推定することができる。

第4章で述べられるように、地震の揺れは地震計で記録される。地震計には、人が感じないような微弱な揺れを記録して、小さな地震がどこで起きているかを調べるような「高感度地震計」というものと、地震被害が起きるほどの強い揺れでも地面の揺れをちゃんと記録することのできる「強震計」に大別される。地中のずれ破壊の様子を推定するには、強い揺れでも正しく記録できる強震計の記録を用いる。

兵庫県南部地震の震源モデル

ここでは兵庫県南部地震のずれ破壊の様子を例にとって話をすすめよう。

地面の中でどのように「紙が破けたか」を調べるわけだが、強震計が各家庭にあるほど高密度に置かれていれば、ずれ破壊の履歴を確実にたどれるかもしれない。しかし強震計はそれほどの密度で置かれてはいない。そのため、あらかじめどのあたりが壊れたかをいろいろな情報を使って仮定して、その仮定した断層面上でずれ破壊がどのように進んだか、またずれの分布がどうなっていたかを調べることが行われる。

震源、つまり破壊が始まったところは、明石海峡の下約一七㎞であることがわかっている。これは高感度地震計の揺れ始めの時刻を使って決めることができる。次に野島断層で地表地震断層が出現したという事実から、ずれ破壊はこの活断層の下にあると考える。地中の断層の位置と範囲の特定は、余震分布から予想される。余震が多く発生している領域が本震のときにずれ破壊を起こした領域と仮定して、ここに仮想の断層面を置き、観測された地震記録を満足するようなずれ破壊をコンピュータシミュレーションで調べる、ということを行う。

図2-3は仮定した断層面の位置を示している。余震の分布の特徴と活断層位置を参考にして、この分析では断層面をAからEのように五枚仮定している。断層面の深い方は、余震分布から約二〇㎞の深さまでとする。図2-4は一秒ごとのずれ速度の空間分布と、最終的なずれの空間分布を示している。色が濃いところほど、ずれ速度が大きい。明石海峡の下から始まった破壊は、野島断層側と神戸側の六甲断層系（須磨断層・諏訪山断層・五助橋断層に対応）の両方に広がっている。一番右下に示されている最終的なずれの空間分布は非常に複雑であるが、野島断層側では地震断層は深さ数キロメートルより浅いところでずれが大きく、それに対して神戸側は深さ数キロメートルより深いところ

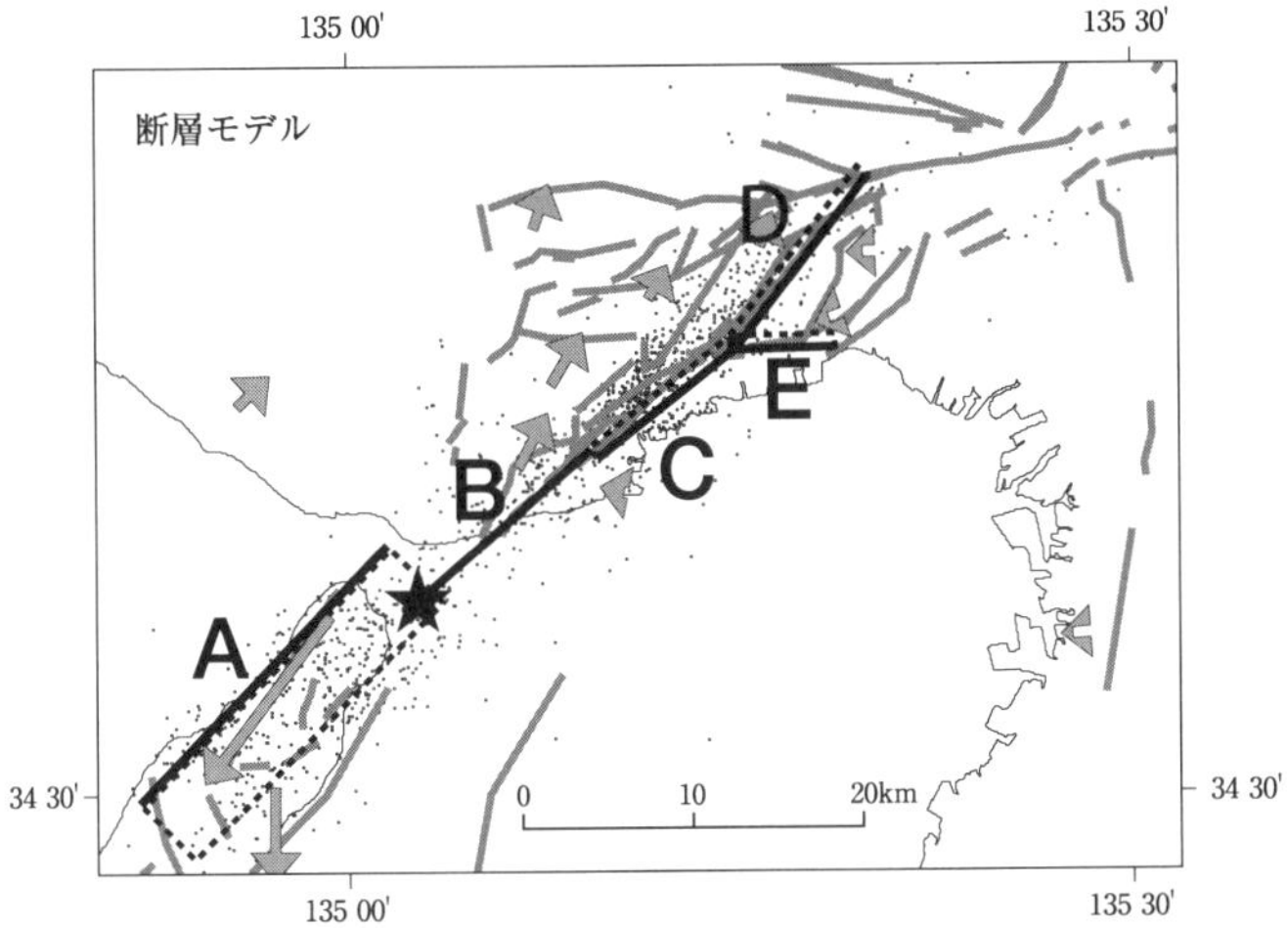

図 2-3　1995 年兵庫県南部地震の震源モデルを推定するときに仮定した断層面モデル［Sekiguchi *et al*., 2002］ 仮定した 5 枚の矩形の断層面は浅い辺を実線で，後の 3 辺を黒い点線で表す．薄い網の矢印は地震に伴う地殻変動，灰色の線は既存の活断層，黒星は震央，黒い点は余震の震央を示す．

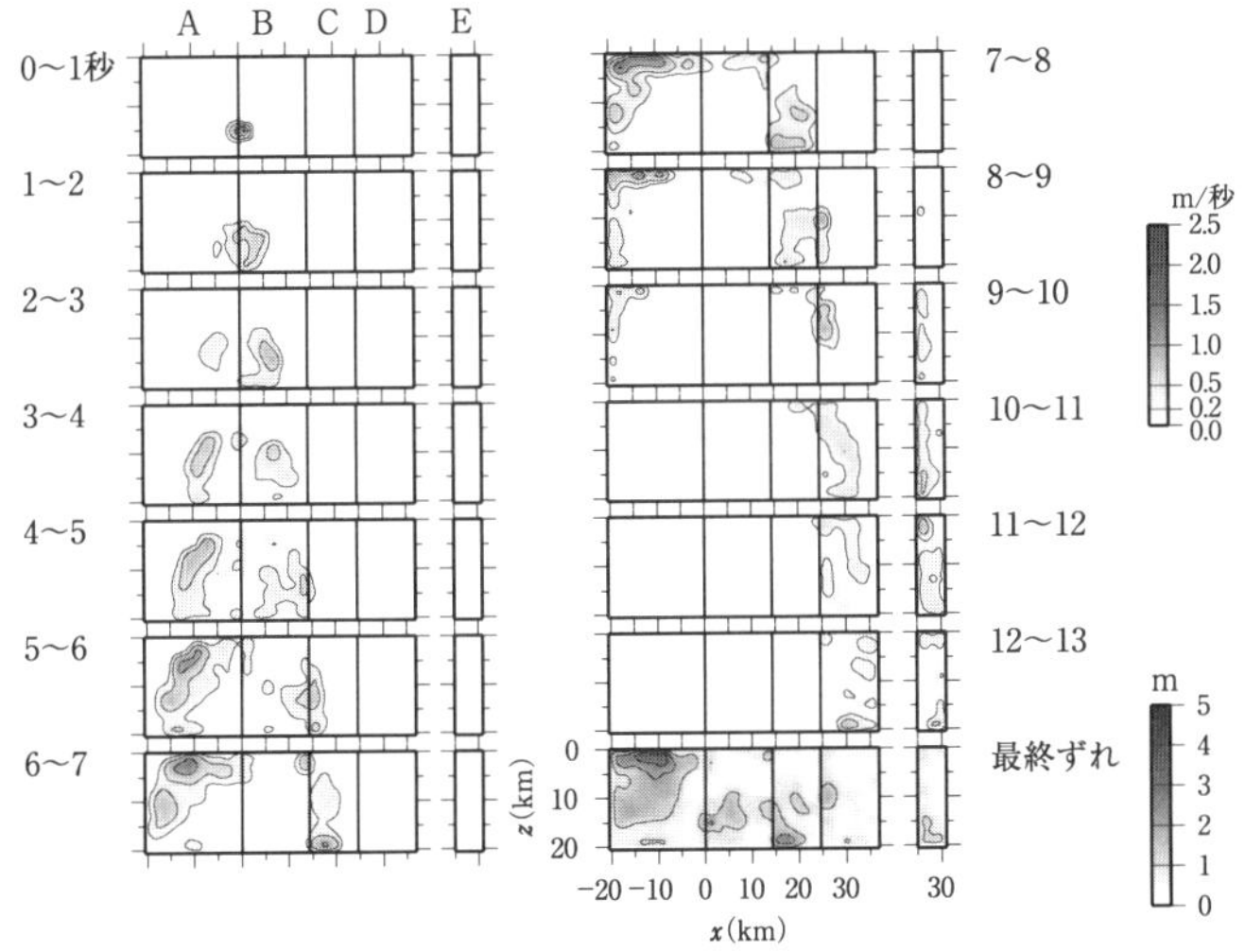

図 2-4　1995 年兵庫県南部地震の 1 秒ごとのずれ伝播の様子と最終ずれの分布(右下)［Sekiguchi *et al*., 2002］ 断層面を南東からみている．

を中心に大きいずれがあることがわかる。ちなみにこの分析には、兵庫県、大阪府などに置かれた二三地点の強震計の記録が使われている。

このような破壊のしかたは、神戸・阪神地区により強い揺れを及ぼすこととなった。破壊伝播速度は経験的に毎秒二〜三㎞くらいであることを前に述べたが、岩盤の中を伝わるS波の速度はだいたい秒速三・五㎞くらいで、破壊伝播速度の方がすこし小さい。移動している車のサイレンの音が、車の進行方向より前で聞くと高い音に聞こえるドップラー効果というのがあるが、それと同じような効果がずれ破壊と、そこから放出される地震波にも当てはまる。破壊が進んでくる方向の観測点には、断層面から出た地震波がほぼ同時に到達するために重なり合い、ほかの方向よりも強い揺れが観測される。地震学ではこのような効果を「破壊伝播効果」と呼んでいる。

兵庫県南部地震のときは、明石海峡の下から神戸の方向へ破壊が進んだため、破壊伝播効果によって強められた地震波が神戸の地盤に入力し、第3章で説明されるような堆積平野での増幅効果と相まって、非常に強い揺れ、すなわち強震動が生じて甚大な地震被害を引き起こしたと考えられている。

アスペリティの存在

強震計が充分に設置されていない時代には、地中の震源断層面の大きさは、余震が起きている領域から間接的に推定してきた。震源域の近くで振り切れずに地面の揺れを観測できる強震計の登場により、ずれ破壊がどのように起きたかを詳細に調べることができるようになってきた。また、図2-4

の例でみたように、断層面上のずれの分布は複雑で、均一ではない。大きいずれが起きたところと、そうでないところがあるということである。

地震断層上で推定された、ずれの大きな領域を「アスペリティ」［注1］と呼ぶことがある。ずれが大きい領域からは、強い地震波が放出されていると考えられる研究結果が数多く報告されている。つまり、地震のときの強い揺れの源は、ずれた断層面全体というより、断層面上に存在するアスペリティといえる。

図2-4に示した兵庫県南部地震の震源断層でのずれ分布のようなものは、ある程度の規模の地震なら強震記録から推定することができる。この章の前半で、ずれを起こした断層面全体の面積が地震規模に比例していることを述べた。最近の震源の分析から、このずれの大きい領域（アスペリティ）の面積も地震規模に比例していることがわかってきた。つまり強い地震波を出す領域の面積が地震規模に比例して大きくなるということである。この結果は、後述の強震動シミュレーション（強震動予

［注1］ **アスペリティ**　元は面の「でこぼこ」、「ざらざら」という意味だが、地震学では以下のように使われている。図2-1のような実験では、二枚の石の表面は全面均質にくっついているのではなくて、両面がでこぼこしていれば、でっぱった部分が強く押し合っているが、そうでない部分はあまり力を支えることができず、ゆっくりとずれているというふうにみることができる。さらに力を加えていくと、でっぱった部分同士で面がすべらないようにがんばっていることになるが、ついに力に耐えきれなくなってすべる（断層破壊が起きる）と、その突っ張り合っていた部分（アスペリティ）で大きいすべりが起きることになる。

測）を行う際に、震源モデルを与えるときの重要な関係となっている。ある地震規模の地震が起きることを想定したとき、その震源断層上で、強く地震波を出す領域をどのくらいの広さにすればよいかを与える根拠となるわけだ。

この章では、地震の源となる岩盤内のずれのことに着目して話を進めてきたが、地震の揺れは岩盤のずれ方だけでなく、後の章で述べるような地震波の伝わり方の違いによっても大きく変形増幅されるので、地震が起きたときの揺れを知るためには、両方の特徴の正確な把握を進めていく必要がある。

3　地盤で変わる地震波

1　地盤と基盤

複雑な地下の構造

地球内部は多くの物質から構成されており、それぞれの物理的特性が異なる。地震波は、物理的特性が異なる境界面を通過するたびに、変化する。強震動の特性を調べるには、地下構造が地震波にどのような影響を及ぼすかを理解しなければならない。

そこで、まず、地球内部の構造がどのようになっているかについて、考えることにしよう。

図3-1は、さまざまな深度スケールでみた地球の構造を示している。まず、地球規模の非常に大

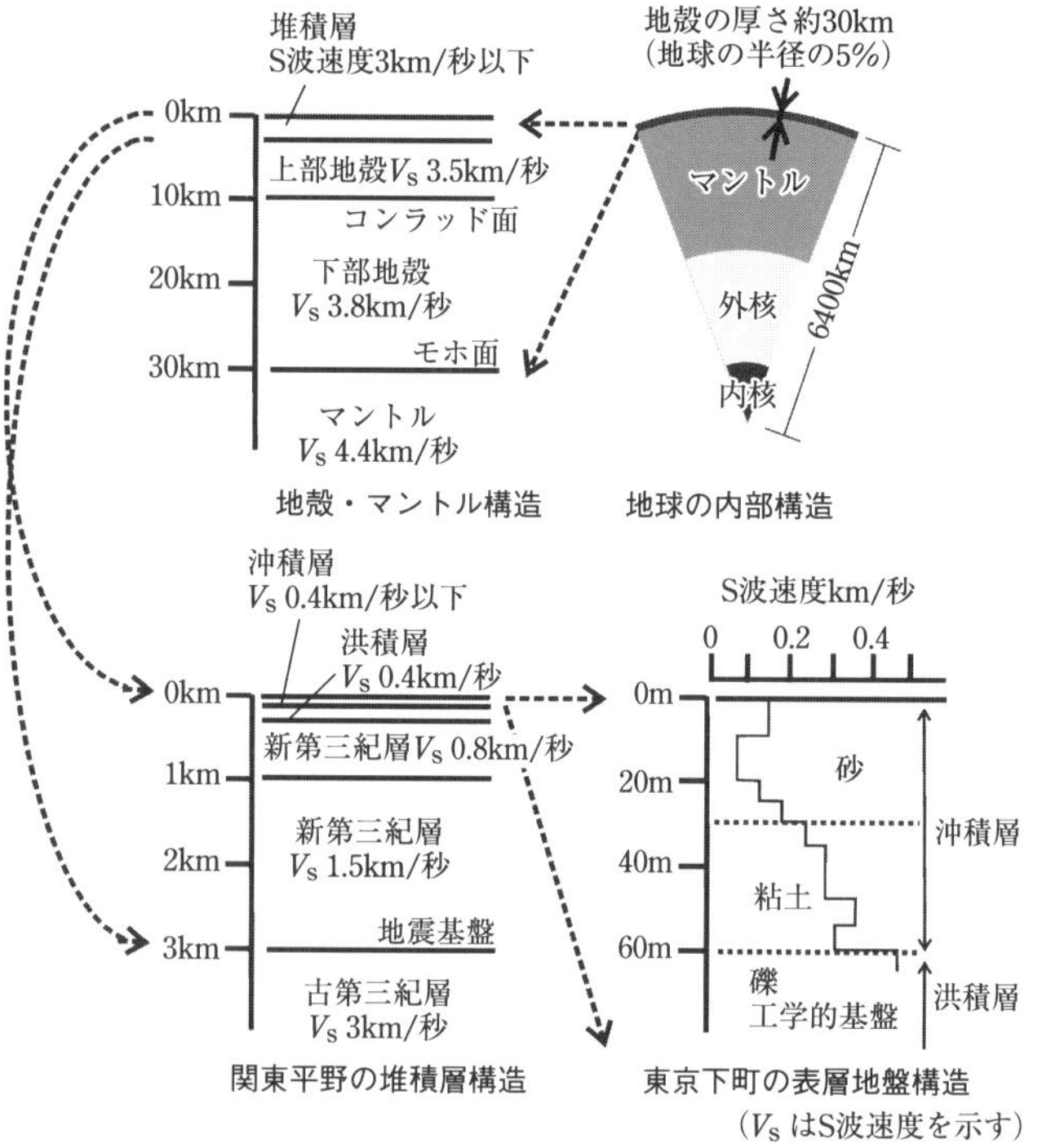

図 3-1　スケールの違いでみた地球の構造

きいスケール（図右上）でみれば、地球は、地殻、マントル、外核、内核に分けられる。第1章で述べたように、被害を起こすような地震は、地殻やマントル上部で発生するものがほとんどであり、地表から地下数十キロメートルまでの地下構造が、強震動の発生および伝播特性に密接に関係している。これは地球の半径約六四〇〇kmのおよそ二〇〇分の一にしかすぎず、地球が卵とすれば、なんと卵の殻程度にしか対応しない。

この卵の殻の部分を拡大してみると（図左上）、地殻は一様でなく、コンラッド面という不連続面を境に上部と下部地殻に分かれている。また、地殻の厚さは場所ごとに違っており、海域では地殻が薄く、陸域ではおよそ四〇㎞と厚い。

さらに、関東平野などの大規模な平野部では、地殻最上層の上には、厚さ二〜三㎞の堆積層が存在する（図左下）。地質年代でいえば、この堆積層は、新第三紀と呼ばれる二五〇〇万年前から二〇〇万年前頃に堆積したものであり、地球の歴史四六億年に比べると、新しい時代の自然現象の結果である。これらの堆積層は「深部地盤」と呼ばれ、深くなるにつれて、圧密の影響で密度や地震波の伝わる速度は大きくなる。

同じ平野でも、東京の下町などの海岸沿いの地域では、深部地盤の上には、より新しい時代（約二〇〇万年前から現在）に堆積した「第四紀層」が存在している。さらに、第四紀層は、比較的硬質な「洪積層」と、最も新しい時代にできた軟弱な「沖積層」に分けられる。沖積層は海岸沿いや河川沿いの地域にみられ、東京の下町では沖積層の厚さが数十メートルにも及ぶこともある。これらの地層は、まとめて「表層地盤」といわれる。

S波の伝わる速度は、地層の硬さ（剛性率）の平方根にほぼ比例するので、地層が硬いほど、S波速度が大きいことになる。また、一般的には、軟弱な地盤ほど、強震動は増幅する傾向がある。

図3-1で説明した地層をS波速度でみてみると、地殻とマントル内でのS波速度の変化は、三・五㎞／秒から四・四㎞／秒と一・三倍である。一方、深部地盤では〇・八㎞／秒から三・〇㎞／秒と三・八倍であり、表層地盤でもS波速度は四倍程度変化する。このように、深部地盤と表層地盤では、

S波速度に大きな変化があることがわかる。

地殻・マントル構造の研究は、地震学において古くから行われ、現在でも地震現象の理解の基礎となる重要な研究テーマである。こうした研究では、表層の地盤がないと仮定しても大きな問題はない。一方、表層地盤を扱う土質工学や地盤工学の研究では、地殻やマントルの構造での地震波の伝播を考えることはほとんどない。これを考えると、強震動地震学は、両者の間をつなぐ学際分野であり、取り扱う地下構造も地殻・マントルから表層地盤までと幅が広い。

基盤で地震波を考える

浅い地震で発生する地震波は、地殻を伝播し、深い地震による地震波は、地殻とマントルを伝播する。さらに、地震波は、深部地盤・表層地盤を通って、地表に到達する。その間に、振幅を大きくしたり、減じたりする。

強震動の特性を考える際には、地殻・マントルと、深部地盤・表層地盤での地震波の変化を分けたほうがわかりやすい。前者は「伝播経路」特性、後者は「地盤」特性と呼ばれている。伝播経路と地盤は、ともに地下の地層であることには変わりないが、二つを区別するために、「基盤」という考え方が導入されている。基盤の上面は、地層ごとに決まるインピーダンス（速度と密度の積）の変化の大きい境界面に設定される。したがって、基盤の定義には、S波速度や密度の地下での変化を考えないといけない。

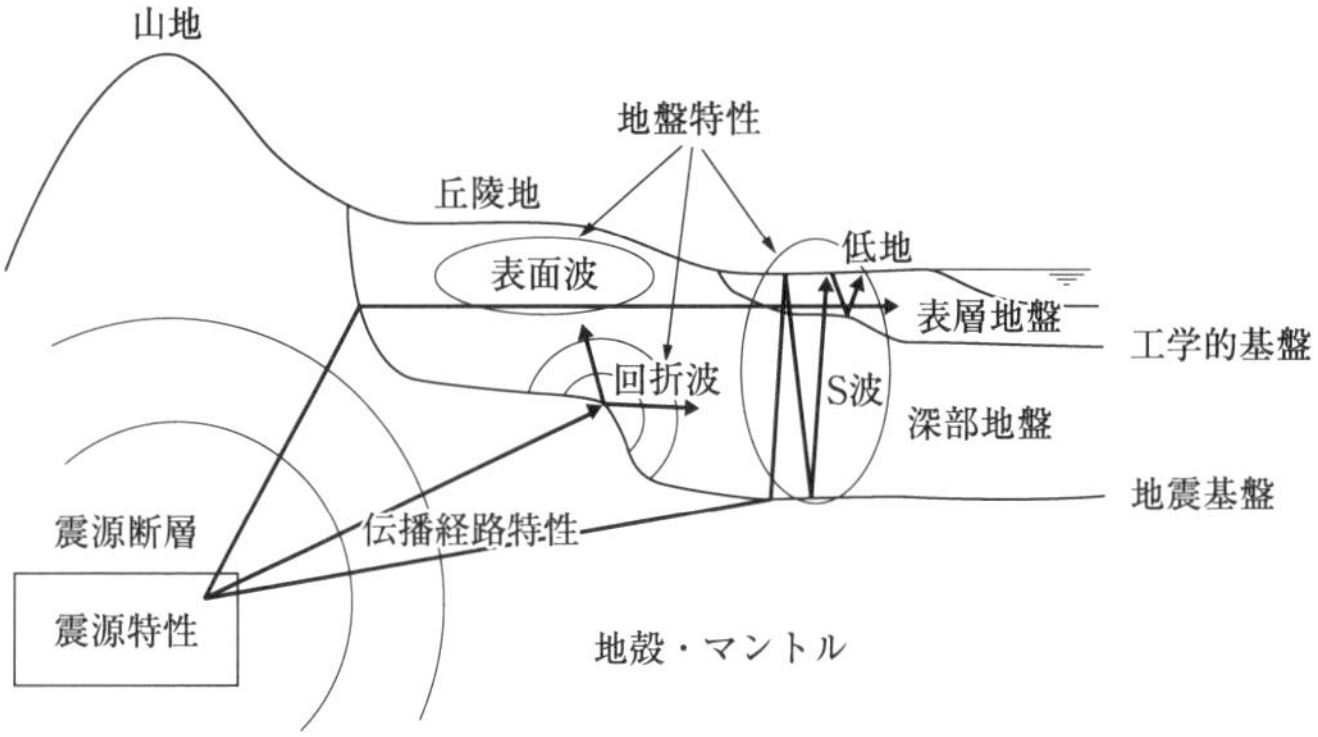

図 3-2　地震基盤，工学的基盤，深部地盤，表層地盤の概念

一九七〇年代初めまでは、基盤といえば、S波速度数百メートル／秒の地層上面を示すことが多かった。この地層は、比較的高いビルを建設する際に、支持層となるものである。しかし、経済成長に伴い、超高層ビルや長大橋などの多くの大規模な構造物が建設されるようになってくると、これらの耐震安全性の評価に、広域かつ深部の地盤での地震波の増幅効果も重要とされ、より深い基盤の設定が必要となった。さらに、基盤という用語は、地球科学や耐震工学などのいろいろな分野で使われているので、単に基盤というと、混乱することもある。

そこで、S波速度三km／秒程度を有する岩盤を、とくに、「地震基盤」と呼ぶこととなった。地震基盤を使えば、図3-2のように、地震基盤より上にある地盤での地震波の増幅効果を地盤特性として扱うことができる。地震基盤は、東京中心部では二・五km程度の深さにあるが、関東山地ではほぼ地表にある。大規模な平野のような広い地域のすべての地点で地下にその地層が存在しているということも、地震基盤として重要な特徴である。

深部地盤と表層地盤の区別は、地質的特徴によっても可能ではあるが、強震動を評価する場合には、S波速度で区別をしたほうが直接的である。通常、S波速度〇・四km／秒程度の地層を「工学的基盤」と呼んで、それより上にある地層を表層地盤としている。この工学的基盤は、一般的な構造物の支持層となる地層である。

地震基盤より深い部分の地下構造である地殻・マントルでは、先に述べたように、地震波速度の変化は比較的少なく、震源から発生した地震波の反射、屈折による変化も大きくない。そこで、伝播経路では、後で述べるように、距離に応じて振幅が減少する効果のみを考えることが多い。

以上のように考えれば、震源での地震波の放射特性（震源特性）、伝播経路での地震波の減衰特性（伝播経路特性）、そして深部地盤・表層地盤での増幅特性（地盤特性）の三つの影響をそれぞれ個別に考慮して、最後にそれらを重ね合わせれば、地表で観測される強震動が得られることになる。この考えによれば、想定された地震に対して地震基盤での地震動を求め、それに各地点の地盤特性をかけてやれば、地表面での強震動を計算できる。自治体の地震被害想定のように、ある広さの地域での強震動の強さの分布を知りたいときには、この考え方は非常に便利である。

地震基盤までの地震波の変化

強震動に影響を及ぼす三つの要素のうちで、震源での地震波の放射特性については第2章で述べたとおりである。ここではまず、伝播経路での地震波の変化について説明しよう。

一般的に、震源から放射された地震波は、距離の増大とともに振幅が小さくなる。地盤に比べて、伝播経路での地震波の速度の変化は小さいので、境界面がない均質な媒質と近似して考えよう。こうした媒質を地震波が伝播すると、地震波の振幅は、距離に応じて小さくなる。この現象は次のような複数の効果による。一つは、震源から地震波が広がっていくために振幅が小さくなっていく効果（幾何減衰）である。もう一つは、地盤が均質な完全弾性体でないことによって振幅が小さくなる効果（粘性減衰と散乱減衰）である。これらの効果をまとめて「距離減衰」という。

「幾何減衰」では、実体波（S波やP波）の振幅は震源距離の逆数に比例して減る。一方、表面波の振幅は、震央距離の平方根に比例して減衰する。したがって、表面波のほうが距離減衰の効果は小さく、遠くの地点ほど、表面波が実体波より卓越することになる。なお、表面波は地表に沿って伝播するので、振幅の減衰は震央距離に従うことになる。

「粘性減衰」のメカニズムは、より複雑である。粘性減衰は、実際の地層が非弾性的な性質、つまり、こんにゃくのように指で押した後にゆっくりと元の状態に戻る性質を持つために起こる減衰であり、波動のエネルギーの一部が伝播中に内部摩擦によって熱などに変化して振幅が小さくなることになる。

さらに、実際の地盤は、金属のように均質ではなく、弾性波速度に多少なりともばらつきがある。このために地震波の散乱現象が生じ、振幅が小さくなる。これを「散乱減衰」という。霧の中で車のヘッドライトの明かりがぼやけてしまうのと同じである。

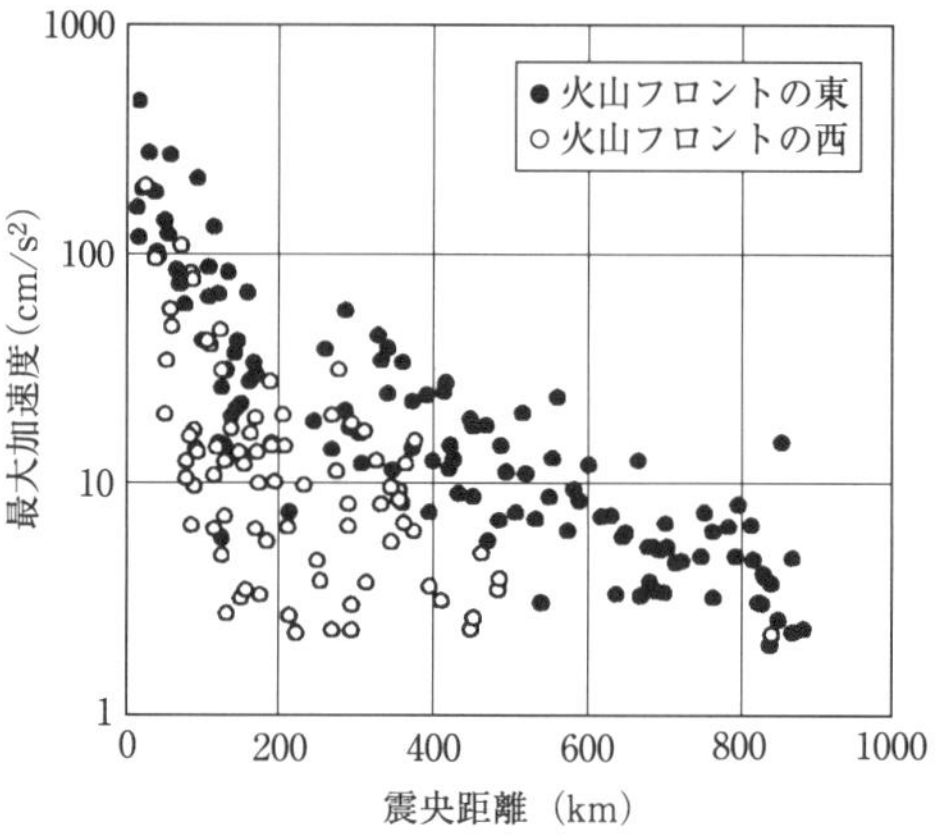

図3-3　観測された距離減衰の例［高井・岡田，2002］

地震波がどのように減衰しているかは、震央距離に対して観測記録の最大振幅値をプロットした距離減衰曲線をみるとわかる。図3-3は、釧路付近で発生した震源深さ約一〇〇kmの地震による最大加速度の距離減衰曲線の例である。図の黒丸は太平洋側の観測点、白丸は日本海側の観測値であるが、両者は異なる減衰パターンを示している。太平洋側の方が遠くなっても、振幅はなかなか減衰しない。こうした現象は、古くから指摘されていて、東北日本の太平洋側では、震度の高い地域が南北方向に伸びており、「異常震域」と呼ばれている。この主な原因は、沈み込みスラブ（上部マントル）が大きいQ値（コラム参照）を有し、スラブの上のマントル最上部が小さいQ値となっているためであると考えられている。つまり、震央距離の大きい、スラブ沿いの観測点では、より深いスラブを伝播した地震波が現れ、振幅の減衰の程度も小さくなるのである。こうした距離減衰の差異を利用して、地殻・マントルのQ値の構造を推定する試みもある。

また、図3-3をみると、意外に、ばらつきが大きいことがわかる。震央からの距離が同じ地点でも、振幅に二倍程度の差はありそうである。伝播経路である地殻・マントルの構造の不均質さも影響

コラム●Q値と減衰特性

地震波の非弾性的な減衰特性は、Q値という量によって振幅の減衰のしかたが定義されることになる。Q値は、一周期の間に減じる地震波のエネルギーに反比例する量である。また、減衰定数を二倍した量の逆数となる。減衰定数は、第4章で述べるように地震計の減衰器の減衰定数と同じ量である。震源距離xの地点での周波数fの地震波が速度vで伝播しているとき、$\exp[(-\pi fx)/(vQ)]$だけ振幅が小さくなることになる。したがって、Q値が小さいほど減衰の効果が大きく、また、高周波数の波ほど振幅が小さくなる。なお、完全な弾性体であれば、Q値は無限大となり、この減衰の効果はない。

Q値は、地震観測記録の分析によって推定されることが多く、表層地盤から地殻・マントルの地球内部深くに存在する地層まで、Q値分布のモデルがいくつも提案されている。こうした実際の記録から推定されるQ値には、粘弾性的な性質だけでなく、地下の速度構造の不均質性（速度が一様でなく、ばらつきがある）に基づく散乱現象による振幅低減効果も含まれている。Q値の厳密な解釈は、それほど簡単ではない。

を及ぼしているが、最も大きい原因は、各観測点での地盤特性の差である。単純な距離減衰式では、各観測点の地盤特性の影響は考慮されていないので、距離減衰についての詳細な分析には、地盤特性の影響を取り除かなければならない。

しかし、ここで注目してほしいのは、伝播経路は広域の震度分布や地震動の強さに影響を与えるが、比較的狭い地域を考えた場合には、地盤特性の差のほうが、地震動の強さの空間的分布により大きい影響を及ぼすということである。したがって、実際の地震被害分布を理解するためには、地盤での増幅特性の差に注目しなければならない。

2 地盤に閉じ込められる地震波

地盤での地震波の増幅現象

被害地震が起こると、われわれは現地調査に出かけ、余震観測、墓石の転倒調査、構造物被害調査などさまざまな調査を行う。その際に、現地の方から地震のときの様子を聞くこともしばしばある。証言の中には、驚くようなものもある。

たとえば、一九四八年（昭和二三年）福井地震の際には、福井平野の水田で、地震波が伝わっていく様子が稲穂の揺れからみえたといわれている。どのようなメカニズムで、そうした地震波が発生・伝播したのかはわからないが、水田という地盤条件がよくない場所で、人の目にみえるような大きな揺れがあったことにはまちがいがないだろう。

また、「あの辺は地盤が悪いから、地震の揺れが大きくて、被害が生じたのだ」という話もよく聞くことがある。地方の村落では、地盤がよい地域に神社や一族の本家があり、以前に田圃であった地盤のよくない場所に分家があることが多い。歴史のある地域の住民は、何となく地盤の良し悪しを知っているのである。

では、地盤がよいとか、悪いとはどういうことであるか、以下で考えることにしよう。

第1章で述べたように、地震被害分布は表層地盤である沖積層の層厚と深く関連しており、震度や被害の分布を沖積層の厚さから大雑把に説明できる場合が多い。実際は、地盤増幅のメカニズムの解明には、地震観測データに基づく科学的検討が不可欠であり、さまざまな地盤条件で地震観測が行われている。地盤増幅は、岩盤での揺れに対して地盤での揺れがどの程度大きいかということであるので、そのメカニズムの解明のためには、一地点の観測では足りない。後で述べるように、岩盤と地盤での比較観測や、地下の岩盤地点まで達するボーリングでの鉛直アレー観測（群列観測）などが行われている。

図3-4は、地盤上と直下の岩盤内および周囲の岩盤上で得られた強震記録の例である。周囲と地中の岩盤での地震波は、ほぼ同じ特性で、振幅が小さく、揺れの続いている時間（継続時間）も短い。地中の観測点でも、堆積層内部の地点となると、振幅も多少大きくなり、継続時間ものびている。軟

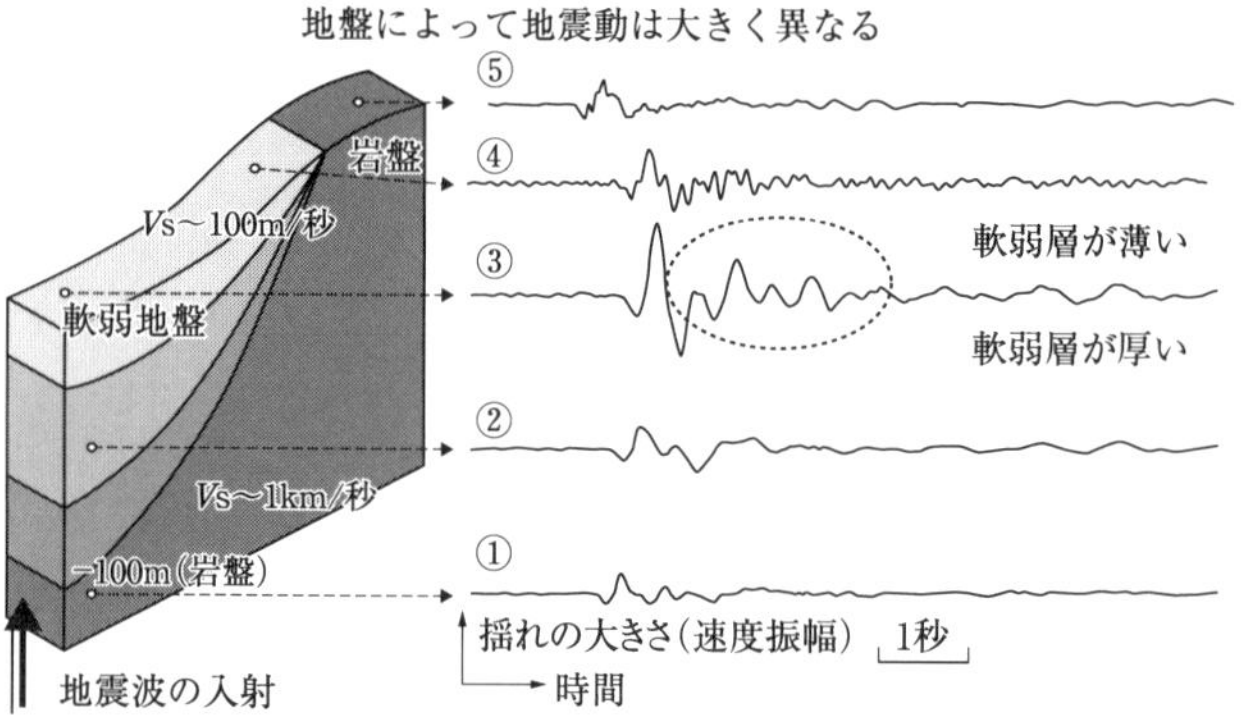

図 3-4　小田原での地震観測の例［工藤，2002］

弱な堆積層が厚い地盤の地表の地点では、さらに振幅も大きく、継続時間も長くなっている。また、堆積層が薄い地盤上では、岩盤と堆積層が厚い地点での二つの地震波の中間的な特徴がみられる。

図3-4の地震波をよくみると、観測点によって周期成分にも違いがあることがわかる。つまり、堆積層が薄い地点では、短い周期で揺れており、厚い地点では、ゆっくりとした長い周期で揺れているのである。こうした揺れやすい周期は、堆積地盤に固有のもので、地盤上のほとんどの地震記録で常にみられる現象である。この周期は、「卓越周期」と呼ばれ、その周期成分が最も大きく増幅されるので、地盤特性の中で最も基本的な特徴の一つである。

第4章で述べるように、地震の波は、いろいろな周期成分から構成されているが、それぞれの周期成分で、地盤は揺れやすかったり、揺れにくかったりする。こうした周期ごとに増幅の割合を示したものを「増幅率スペクトル」といい、より詳細に増幅特性を表現することができる。

地盤のインピーダンス比とQ値

なぜ、地盤によって地震波は増幅するのだろうか。これを考えるには、地盤を構成する地層のS波速度とQ値について知る必要がある。

震源から発生した地震波は、地層の境界を通過しながら地表に向かって伝播する。一般に、光や波動が境界にぶつかると、スネルの法則（コラム参照）に応じた反射・透過現象が起こる。地震波でも同様の法則が成り立ち、反射波と透過波が発生する。これらの波の振幅は、接し合う二つの地層のS波速度と密度の積として計算されるインピーダンスの比によって決まってくる。硬い地層（S波速度は大きい）から軟らかい地層（S波速度は小さい）へ透過する場合には、インピーダンス比が大きいほど透過波の振幅は大きくなり、反射波の振幅は小さくなる。前述したように、一般的には、S波速度は地表に近づくにしたがって小さくなるので、地表に向かって伝播する地震波の振幅は、境界面を通過するごとに大きくなっていく。

伝播経路での減衰と同様のメカニズムによって、地盤でも地震波は減衰する。震源の極近傍を除けば、震源距離に比べて地盤の厚さは十分に薄いので、地盤内での幾何的減衰の影響は大きくない。一方、地殻・マントルに比べて、堆積地盤のQ値は小さく（減衰定数が大きい）、減衰の影響は地盤では顕著になる。

通常の軟弱地盤では、インピーダンス比による増幅効果がQ値による減衰効果に勝るので、地震波

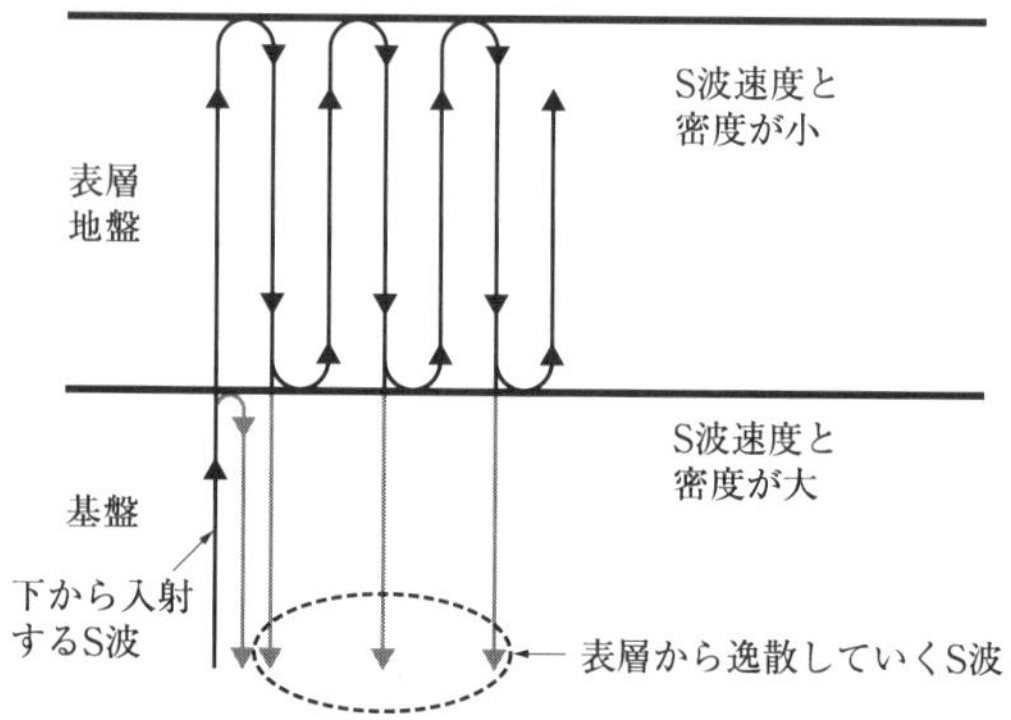

図3-5　重複反射の模式図

の振幅が大きくなる。

Q値は、一周期の間に減衰する地震波のエネルギーに反比例する（コラム参照）。一周期の間に地震波は一波長分（速度×周期）だけ伝播することになるので、Q値は一波長の距離で減衰する地震波のエネルギーを表すことになる。したがって、同じ距離を伝播する地震波でも、長い周期成分に比べて、短い周期成分のほうが波の数が多くなり、減衰効果は大きい。インピーダンス比の効果は、地震波の周期には依存しないので、長い周期に比べると、短い周期の地震波は減衰しやすくなる。図3-4で示した軟弱地盤での観測記録のように、地盤によって短い周期の地震波が顕著にみられないのはこのためである。

繰り返される反射

実際の地盤は、基盤と地表面にはさまれている。図3-5のような基盤の上に表層が一つある場合を想定して、地震波、ここではS波を仮定して、その伝播メカニズムについて考えよう。

震源から発生したS波は、スネルの法則によってほぼ垂直に

コラム●スネルの法則

地震波だけでなく、光や電波などの一般的な波は、均質な媒質の中ではまっすぐに伝播する。しかし、均質でなく、物理的性質が場所によって異なる媒質では、波は折れ曲がって伝播することになる。これは、水中にあるものが実際とは異なる場所にあるようにみえることと同じである。この現象は、水中の物体で反射する光は、水と空気の境界を通過する際に波の進む方向を変化させることに対応している。こうした現象をスネルの法則と呼び、古くから知られている物理現象である。

震源から遠く離れた地点で、P波やS波が地震波速度の異なる媒質の境界面に達すると、反射する波や透過していく波の進む方向は、スネルの法則にしたがって、図Aのように入射する波の方向と速度の比率で決まる。二つの媒質の地震波速度の差が大きいほど、曲がる角度は大きくなる。一般的には、地表に近づくほど、地震波の速度は小さくなるので、震源から斜めに放出された地震波は、地震波速度の小さい地層に入射するごとにより鉛直に近い方向に伝播方向を変えて伝わることになる。このために、伝播方向に振動するP波の揺れは鉛直方向に卓越する。また、伝播方向に垂直に揺れるS波では、水平方向の振動が卓越する。

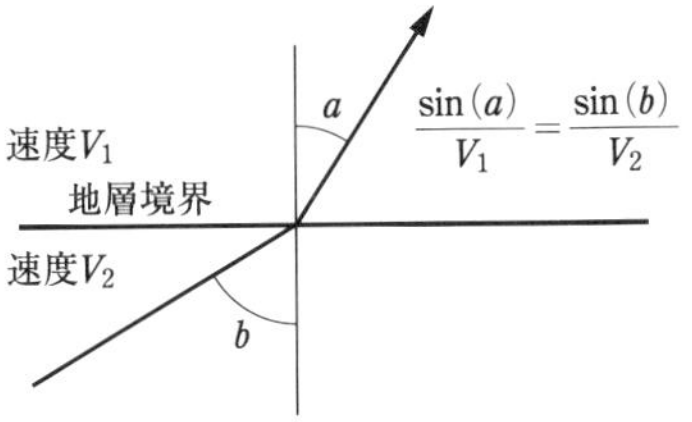

図A　スネルの法則　V_1/V_2が小さくなると，aも小さくなり，波の伝播方向は鉛直に近づく．

基盤と地盤の境界面に達し、反射S波と透過S波を生じる。反射波は、境界面で入射してきた方向へUターンして、基盤の中を下向きに伝わり、このモデルでは二度と上方には伝播してこない。一方、境界面を透過した波は、表層地盤内を上方へと伝播する。透過波は、硬い基盤から軟らかい表層へ透過するので、その振幅を大きくする。

境界面を透過したS波は、次に地表面に到達する。空中には何もないので、地表面では、すべてのエネルギーが反射波として下方へ戻っていく。したがって、地表面では入射する波と反射する波の振幅は等しくなり、地表面での揺れの振幅は、両者の和、つまり二倍になる。地表面というのは、非常に重要な境界面なのである。

この波が表層を下向きに伝播していくと、再度、基盤と表層の境界面に出会うことになる。ここでも、上述のように、透過波と反射波が生じ、境界面で反射した波は上向きに伝播することになる。この場合には、軟らかい層から硬い層へ入射することになるので、上向きの場合とは逆に、多くのエネルギーが反射波となり、再び上昇していくことになる。このようにして、基盤から表層に入射したS波は、何度も基盤上面と地表面の間を反射して、地震波のエネルギーの多くは表層内に留まることになる。こうした現象は「重複反射」と呼ばれ、それぞれの地盤に固有の増幅率スペクトルを評価するための基本的な地盤増幅メカニズムである。

重複反射は、われわれの身近なところでも使われている概念である。たとえば、次世代の情報インフラと期待されている光ファイバーも、重複反射現象を利用したものである。光ファイバーでは、ファイバー管の中を光が伝播するときに、管内の壁で全エネルギーが重複反射（全反射）しながら伝播していくので、エネルギーロスが少なくなり、効率的に長距離の情報伝送が可能となる。地震波の場合も同様で、表層から基盤にエネルギーが逸散しにくくなっているので、長い間揺れが続くことになる。

基盤と表層の間のインピーダンス比が大きいほど、エネルギーの逸散は少なくなる。基盤のS波速度はたいてい同じようなものであるので、インピーダンス比が大きいとは、表層のS波速度が小さいことに対応する。したがって、地盤が軟弱なほど、揺れが長い間続くことになる。光ファイバーの場合には、純度の高い石英ガラス管などを用いてファイバー線をつくるので、エネルギーロスはきわめて少ない。地盤での重複反射の場合には、一部の地震波が基盤にも透過していくことや、地盤が均質な完全弾性体でないことなどから、表層に持ち込まれたエネルギーは時間とともに逸散していく。そうでなければ、一度地震が起こったら、地面はずっと揺れることになってしまう。

強い揺れで地盤も変わる

今までの話は、S波速度やQ値などの地盤物性が変化しないと考えた場合のことである。地震波の伝播の基礎となる弾性論は、微小変形時の理論である。しかし、強震時には地盤のひずみが大きくなり、地震波の挙動は微小変形時とは異なってくる。すなわち、地盤のS波速度や減衰定数にひずみ依存性が生じて、一般的には、地盤の剛性率（S波速度の二乗に密度をかけた値）は低下し、減衰定数は大きくなる。こうした効果を「地盤の非線形効果」という。剛性率の低下はインピーダンス比を大きくするが、それ以上に減衰定数が大きくなり、地震の揺れは小さくなる。

ひずみは、地震波の振幅を波長で割り算した量に比例する。深部地盤では振幅が小さく波長が長いので、ひずみは小さい。したがって、深部地盤では、非線形効果は無視できる。しかし、軟弱な表層地盤では振幅が大きく波長が短くなるので、ひずみレベルが大きく、その影響は著しいことになる。

さらに、強震時の水を含んだ砂質地盤では、地盤が「液状化」する。地盤の液状化は、一九六四年(昭和三九年)新潟地震の際に、新潟市川岸町で鉄筋コンクリート造の集合住宅が構造物の大きな損失なしに転倒したことで注目された。写真1-6で示したような、液状化による墓石の不同沈下と同様の現象である。以降、土質工学の分野を中心に盛んに研究されている。飽和状態にある砂地盤は、強震時に繰り返し振動を受けると、砂の粒子がより密な状態に配列しようとする。すると粒子と粒子の間にある水の水圧が高くなる。これが粒子の間の摩擦力より大きくなると、地盤が液体のような状態になる。そのために、水や砂が地表に吹き上げ、地盤が陥没したりする。地盤がこのような状態になると、地震波は増幅しにくくなり、強い揺れは生じない。しかし、建物の基礎や土台が不同沈下し、強震動による揺れの被害とは異なるタイプの被害を生じる。

3　平野を伝わる地震波

遠くの地震で揺れる高層ビル

一九八四年（昭和五九年）九月一四日朝に、御嶽山直下を震源とする「長野県西部地震」が発生した。御嶽山の山体崩壊など、大きな地震被害が発生した。このとき、大学院生だった著者は、震央距離が二〇〇km も離れた横浜市北部にある大学の建物の七階にいた。短い周期の小さな揺れを感じ、しばらくしてから、ゆっくりとした揺れを感じた。すぐに、地震記録を回収し、記録をみた。それには、体感したとおりに周期数秒の地震波が一分間以上も継続する波形が出ていた。この地震は震源が浅い地殻内地震であり、当時の数少ない強震記録の分析から、ゆっくりとした揺れは表面波によるものであることが明らかにされた。

遠く離れたところで起こった地震であるにもかかわらず、こうした長い周期の揺れが長時間続く現象は、大規模な平野でよくみられる。二〇〇〇年（平成一二年）鳥取県西部地震でも、東京は震度一であったが、いくつかの高層ビルで船酔いのように感じる揺れがあった。さらには、二〇〇四年（平成一六年）新潟県中越地震の際にも、首都圏の多くの高層ビルでは、揺れが長い時間続き、エレベーターが止まるということがあった。もちろん、高層ビルの固有周期（第5章参照）が長いことも原因ではあるが、地震動に長周期成分が含まれていなければ、こうしたことは起こらないのである。

このように、長い周期の地震動は、高層ビルだけなく、ほかの大規模な構造物にも影響を及ぼす。スパンの長い橋やタワーなども、長い周期の地震動に対して揺れやすくなる。さらに、大型のタンクの中にある液体も、長い周期の揺れに敏感に反応し、液面が大きく揺れることがある。二〇〇三年(平成一五年)十勝沖地震で、苫小牧にある大型の石油タンクで火災が発生した一因は、長い周期の地震動で誘発されたタンク内の液体の液面揺動(スロッシング)による逸流である。

やや長周期地震動

一九七〇年代中頃までは、こうした周期数秒の地震動に関する研究はあまり行われていなかった。それまでの耐震工学で注目されていた地震動の周期は、周期一〜二秒より短い周期帯であり、これは、当時研究対象となる多くの構造物の固有周期の上限がその程度にあったためである。一方、地震学では、地震波を用いた研究の主な対象は上部地殻より深部の地球内部構造であり、堆積層の影響を受ける周期一〇秒程度より短周期の地震波についてはあまり調べられていなかった。まさに、耐震工学と地震学との間のニッチ(すき間)の地震動であったといえよう。

しかし、高度経済成長に伴って、大都市圏で高層ビルなどの大規模構造物がつくられ始めた(写真3-1)。こうした大規模な構造物の耐震設計のために、上述の長い周期の地震動についての科学的調査が必要になったのである。

当時、周期数秒の地震動は、耐震工学者からみれば、長周期であるが、地震学者にとっては、短周

写真 3-1　横浜の高層ビル［山中浩明撮影，2004］　固有周期が6秒にもなる建物もある．

期であった。そこで、両者の境界領域にいる強震動の研究者は、「やや長周期地震動」と呼んだ。なお、英文では、この「やや長周期」という表現はほとんど使われておらず、工学と理学との共同作業を円滑に行おうとする日本の研究者の配慮が感じられる専門用語かもしれない。

さて、一九八〇年以降、やや長周期地震動の解明に関する研究は精力的に進められ、現在ではそうした地震波の基本的な発生メカニズムが明らかになっている。地震基盤の上にある深部の堆積層を伝播する表面波が、やや長周期地震動の正体なのである。第5章で述べるように、こうした研究成果は、高層ビルの耐震設計にもフィードバックされており、程度の差はあるが、設計技術者は高層ビルの建設地点でのやや長周期地震動の特性に対して配慮するようになってきている。やや長周期地震動は、未知の現象ではなくなったのである。

平野を伝わる表面波

前節では、堆積層を上下に伝播する重複反射によって地震波が増幅していることを述べた。これは、P波やS波のような実体波による増幅のメカニズムである。ここでは、大規模な平野をゆっくりと揺らせる「表面波」は、どんなメカニズムで伝播しているかについて考えてみよう。

表面波は、どんな地震でも等しく発生するわけではない。震源が浅く、規模が大きいほど、やや長周期表面波の発生が顕著になる。震源で発生した表面波は、地表面に沿って伝播するが、実体波に比べて伝播速度が小さいので、P波やS波の後に到着する。震源から観測点までの地下構造が水平な複数の地層で構成されていれば、表面波は観測点に向かってまっすぐに進み、震央距離の増加に伴って振幅も小さくなる。

しかし、図3-6に示すように、岩盤で囲まれた堆積平野がある場合には、震源から出た表面波は、平野と山地の境界にぶつかることになる。すると、この境界面でも、実体波の場合と似た反射・透過表面波が生じることになる。この場合には、境界面は堆積層の厚さだけしかないので、厳密には実体波の場合とは異なる。しかし、平野側に透過する表面波は、インピーダンスが小さいほうへ伝播していくので、振幅が大きくなることは同じである。

平野に入った表面波は、堆積層構造の影響で、実体波にはない「分散性」という現象を起こす。分散性とは、地震波の周期によって伝播する速度が異なる現象であり、表面波に特有のものである。一

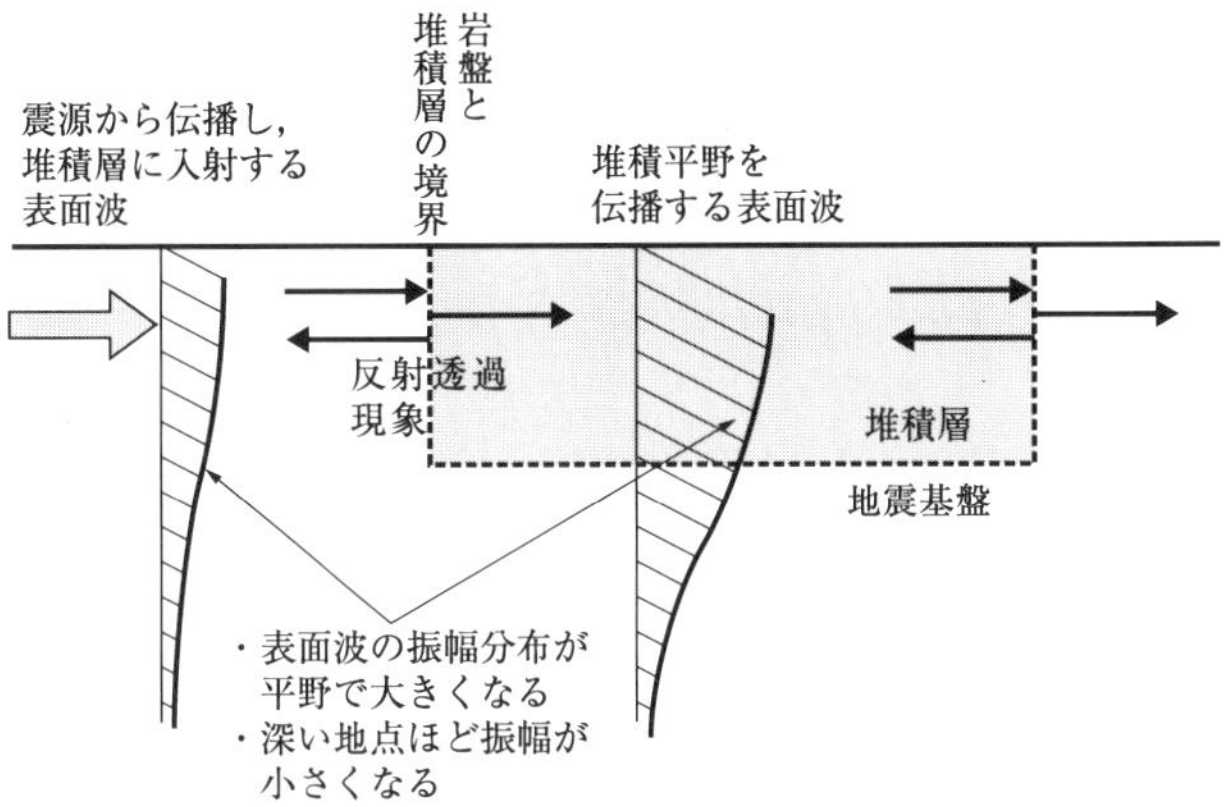

図 3-6　盆地に入射する表面波の模式図

般的には、長い周期成分ほど伝播速度が大きく、周期が短くなるにつれて伝播速度が小さくなる。その結果、距離が長くなるほど、長い周期の地震波が先に進んで、異なる周期の表面波の到着時間の差が大きくなり、地震の揺れが長い時間続くことになる。

さらに、前述のように、表面波の場合には、幾何減衰が小さいことも、継続時間が長くなる原因となる。また、平野の反対側に同じような岩盤との境界があれば、そこでも表面波は反射して、元の方向へ戻ってくる。これは、S波の重複反射現象の水平方向版であり、平野部での揺れは、さらに長く続くことになる。

実際の堆積平野は、上の例のような二次元的な地下構造でなく、三次元的な広がりを持った盆地であり、表面波の伝播は、さらに複雑になる。平野の縁では地震基盤が浅くなり、中央付近では最も堆積層が厚くなっていることが一般的である。前述のように、表面波の伝播速度は周期によって異なっているが、地下構造の構成によっても異なる。

同じ周期の表面波でも、軟らかい地層が厚い場合には、伝播速度は小さく、逆に薄い場合には、大きくなるのである。したがって、堆積層の厚さが変化する盆地では、表面波の伝播速度も場所によって異なり、平野に入射した表面波は、まっすぐに進むのではなく、地下構造の変化に応じて曲がりながら伝播していくことになる。やや長周期表面波の伝播には、平野全体の地下構造が影響しており、複数の経路を伝わってきた表面波が重なりあって、振幅が大きくなったり、継続時間が長くなったりする。

以上が高層ビルをゆさゆさと揺らした地震動の正体である。こうしたやや長周期表面波は、それほど珍しいものではない。二〇〇四年新潟県中越地震の際にも、関東平野の各地で非常に長い時間揺れが感じられたのは、平野で増長された表面波による揺れであることがわかっている。こうした表面波による継続時間の長い揺れは、関東平野だけでなく、大阪平野や濃尾平野などの主要な平野でよくみられる現象である。二〇〇三年十勝沖地震の際に石油タンクの火災が発生した苫小牧にも、厚い堆積層が存在しているのである。こうした表面波の増幅特性を評価するには、地震基盤にいたるまでの深部の地盤の三次元的構造を解明し、その影響を評価しなければならない。

複雑な地盤で発生する地震波

一九九五年（平成七年）兵庫県南部地震では、神戸とその周辺域に幅一㎞程度の帯状に被害の大きい地域が連なって、「震災の帯」と名付けられ、社会的にも学問的にも大きな関心事になった。震災の帯の原因については、地震直後から、伏在活断層が帯の直下にあるのではなど、さまざまな説が出てきて、報道機関も先を争って専門家のコメントを掲載した。しかし、地震直後には、震災の帯の中での強震記録は公開されておらず、地下構造も不明であり、原因を十分に検討できるだけの材料はなかったのである。

第1章で述べたように、現在では、震災の帯は地下深部地盤の段差状の構造により生じた波動によるものと理解されている。堆積平野の地下は、水平な層構造でなく、実際には断層などの不規則な形状を有した複雑な盆地構造になっていることが多い。そのために重複反射や表面波の伝播だけでは説明できない増幅現象が起こり、局所的に揺れが大きくなったりしている。神戸の震災の帯を例にして考えてみたい。

図3-7は、兵庫県南部地震後に実施された地下構造調査から明らかになった神戸市東灘区付近の南北方向の地下構造である。この地域は、大阪平野の縁に位置しており、六甲山と平野境界で基盤が逆断層状に落ち込んでいることがわかった。震災の帯は、基盤の断層の直上ではなく、平野側に一〜二km入ったところに現れ、しかも、山地と平野の境界と平行になっていた。したがって、地下構造調査の結果は、震災の帯の直下に断層があるという説を支持しないのである。

スネルの法則にしたがって、震源で発生したS波は、ほぼ鉛直に堆積層に入射する。図の地下構造の岩盤側のA地点では、地震波は地表面で反射するだけである。一方、堆積層部分のB点では、S波は堆積層内で重複反射する。岩盤と平野の境界のC点では、岩盤に入射したS波が回折して、堆積層

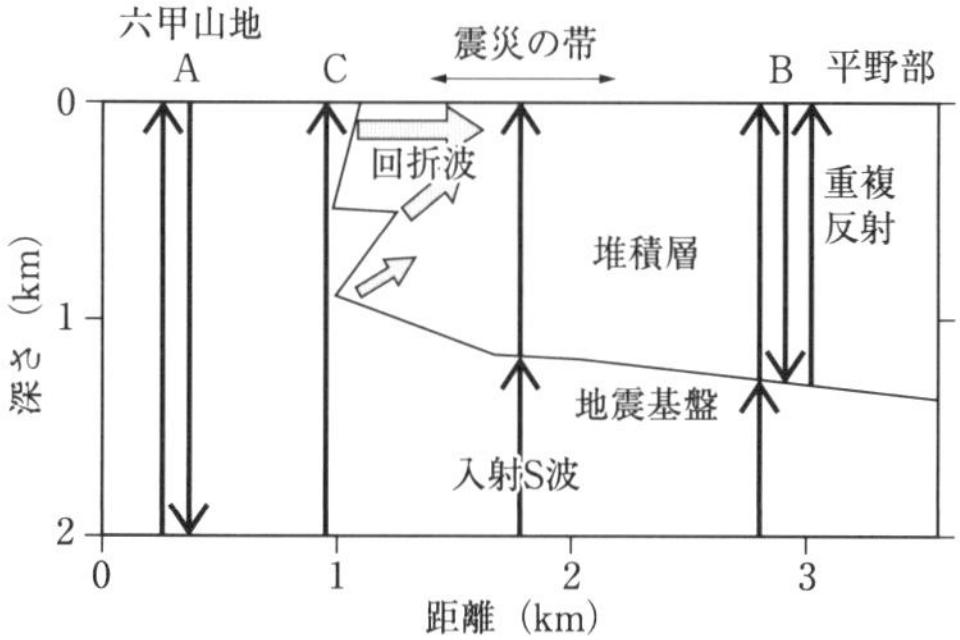

図 3-7　兵庫県南部地震のときの神戸での地震波の重なり合いの例

内に伝播していく。しかも、波面が横になり、表面波のように水平方向に進んでいく。この波が堆積層内に透過したS波と重なり合って（増幅的干渉）、山地と平野の境界からやや離れたところで揺れが大きくなる。これが、震災の帯ができた原因であると考えられている。

こうした地盤の不規則な構造による地震波の増幅は、平野の下にある断層の付近では、とくに珍しいことではない。二〇〇五年（平成一七年）福岡県西方沖地震では、福岡市の一部の地域に集中して建物被害があった。この付近には警固《けご》断層と呼ばれる活断層があり、断層を境にして被害の多い地域側で堆積層の厚さが数メートルから数十メートルへと急に厚くなっていた。神戸の場合とスケールは異なるが、同じような断層による地盤構造の変化があり、それが強震動を大きくした可能性が高いと指摘されている。

平野全体を揺らすシミュレーション

強震動の研究では、観測された強震動を解析的な手法でどこまで再現できるかが大きな課題の一つである。そのために計算機によるシミュレーション解析がよく行われている。

重複反射のように比較的単純な地震波の増幅特性でも、三〇年ほど前には大型計算機を使って計算をしていた。しかし、近年の計算機の性能の向上には隔世の感があり、重複反射の計算くらいであれば、パソコンでも一瞬で終わってしまう。さらに、上述のような堆積平野全体を伝播する地震波のシミュレーションも、パソコンの性能でも十分可能となってきている。

地震波伝播のシミュレーションでは、数学的にいえば、ある初期条件と境界条件の下で波動方程式を解くことになる。ここで、初期条件とは、震源での地震波の発生に対応し、第2章で述べたように、断層での不均質な地層のずれ分布に対応した力を断層面に与えることになる。また、境界条件とは、物性が不連続となっている地層の境界で応力と変位が連続になるという条件である。さらに、地表面では、空中にはなにもないので、応力がゼロである条件も加わる。

地下構造が均質でなく、これらの境界面が任意の形状をしているので、地震波のシミュレーションでは、有限要素法、差分法、境界要素法などの微分方程式の数値的解法が使われる。とくに、最近は、地下構造を細かい格子点の組み合わせによって表現した差分法によるシミュレーションが多く行われている（第5章参照）。

強震記録の蓄積には長い時間がかかり、好きな地点に観測点を設置できるわけではないので、われわれにとってシミュレーションは今後も有力な研究の武器になる。近い将来には、短周期地震動も含めて、日本全体を揺する計算もできるようになり、強震動研究と計算機の関係はますます深いものとなっていくだろう。

しかし、多少の心配もある。著者らの世代は、パソコンが出始めた時代に研究を始めたわけで、コンピュータによって研究に関わる作業がどう変わってきたかを身をもって理解している。現在では、計算、図面書き、文書作りなどのすべての作業を一台のパソコンで行い、高速ネットワークでデータや論文を入手できる時代になったが、われわれも含めて若い世代も、じっくり観測結果をみて、自然現象に想いを膨らませる時間が少なくなっているのではないだろうか。

4　地盤構造を知る

地下を探る物理の目

今まで述べてきたように、信頼性のある強震動評価を行うには、地表から地震基盤にいたるまでの堆積層構造の高精度なモデルを設定しなければならない。こうした地下物性の調査は「物理探査」と呼ばれており、地表での物理的計測から地下の物性を解明する技術である。医療のＣＴに似た技術体系といえる。もともとは、石油や金属鉱床などの資源探査の分野で主に使われていた技術であるが、近年は、建設工事だけでなく、遺跡調査や環境調査などでも活用されており、幅広い分野における基礎的な情報を入手するための地下可視化の先端的技術となっている。

一般の物理探査では、地震波、重力、電気、磁気などの物理計測が行われている。強震動評価では、地層のインピーダンス、すなわち、地震波の速度（P波とS波がある）と密度が重要となるが、地震基盤より上の堆積層での密度と地震波速度の変化を比べると、圧倒的に地震波速度の変化のほうが大きい。したがって、地震波速度の分布を知ることが、強震動評価において最も必要な物理探査となる。

人工的に揺れを起こす

地震波速度の構造を知るには、地震波を測定すればよいのであるが、地震はいつどこで起こるかわからない。もし、人工的に非常に小さな地震を起こすことができれば、事前に好きなだけ観測点を置くことができ、自然地震の観測に比べてはるかに高密度なデータを取得できる。これが、人工地震探査の考え方である。

では、人工地震をどうやって起こすかというと、地下での火薬の発破や、起振車による地表面加振などで起こすことになる。いわれてみれば簡単なことで、われわれがハンマーで地面を叩いても、揺れは発生し、それも人工地震なのである。しかし、調べる深さが数メートルと浅い場合にはそれでもいいが、地震波は減衰していくので、地震基盤までの深度二〜三㎞の探査となると、大きな振動源を考えなければならない。

地下数十メートルで五〇〇kg以上ものダイナマイトを発破させて、人工地震を起こすこともある。

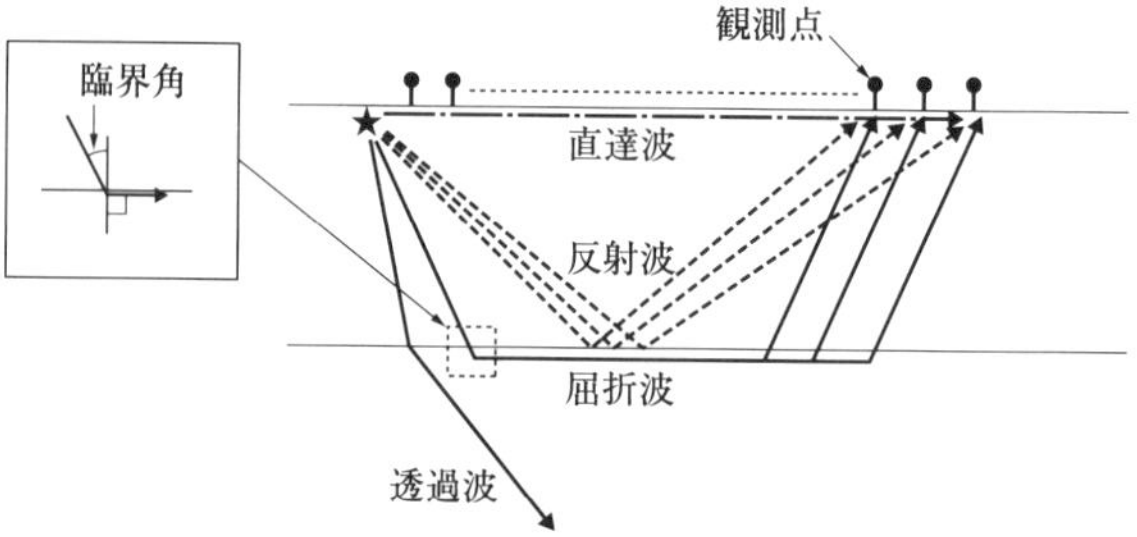

図 3-8　反射波や屈折波の伝播経路
下の地層を伝播する波（屈折波）の到着時間で地下構造を調べる．

このくらいの薬量になると、確かに、発破点から一〇〇mぐらいのところでは、大きな音と揺れを感じる。しかし、自然に起こる地震と比べると、はるかに小さい。しかも、揺れの継続時間は、〇・一秒よりも短く、瞬間的であり、構造物への影響はほとんどない。したがって、発破点から遠く離れた地点では、人間には感じられないほど地震波の振幅は小さくなり、非常に高感度な地震計を設置しなければならない。ところが、高感度の地震計では、車などの振動なども同時に記録されることになる。そこで、都市部での人工地震探査は深夜二、三時頃に行われることが多い。不審者と疑われる体験をした研究者も数多く、実験後の打ち上げの席では、ほっとした雰囲気の中で観測中のできごとの話題で大いに盛り上がることもしばしばある。

さて、人工的に発生させた地震波は、スネルの法則にしたがって地下を伝わっていくことになる。図3-8には、表層と基盤からなる二層モデルで、地表付近に加振源がある場合の地震波の伝播経路を示している。地表に沿って進む波を直達波といい、境界面で反射して戻ってくる波は反射波、基盤へ透過していく波は透過波である。

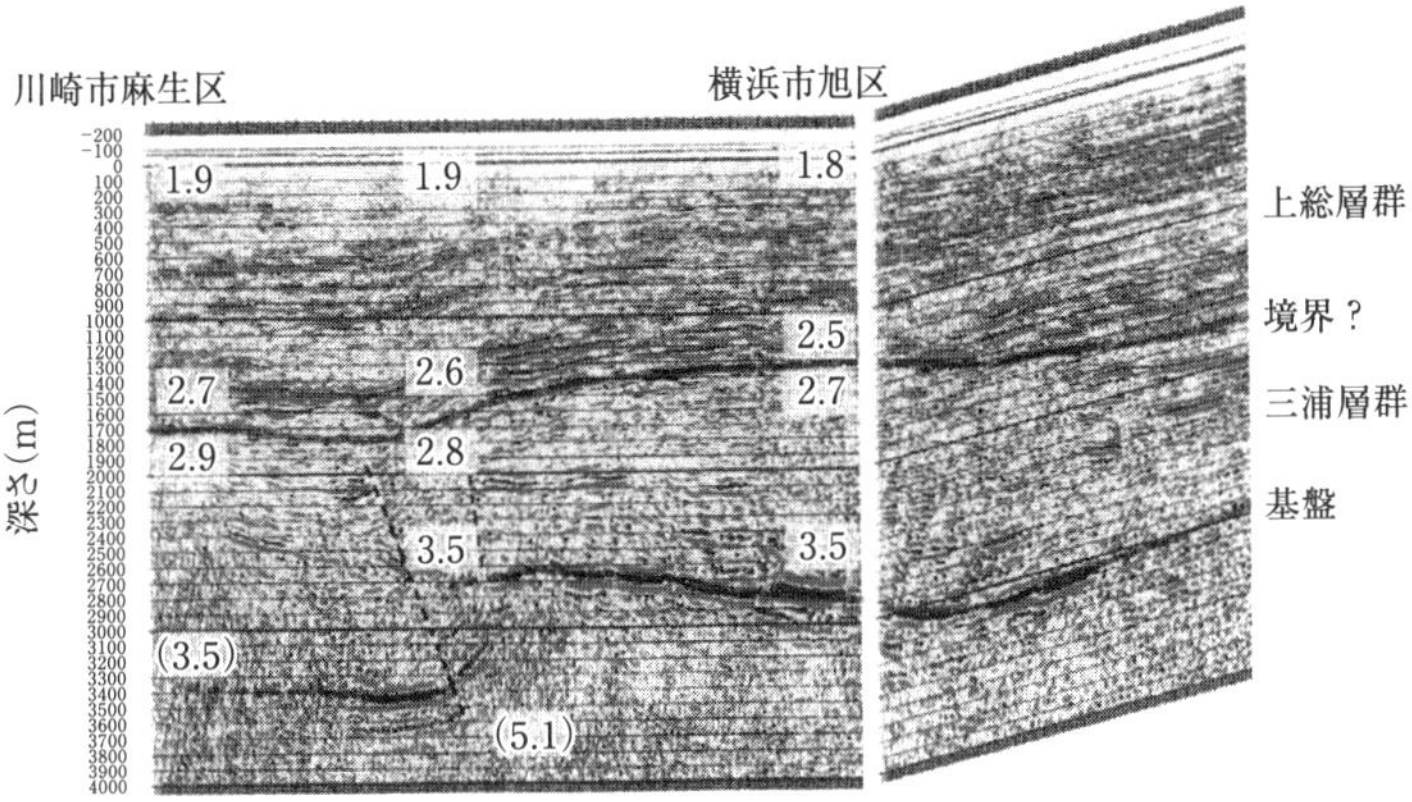

図3-9　反射法の断面の例［横浜市，2000］
数字はＰ波速度を示す．

透過波は、境界面での速度の比に応じて、スネルの法則によって基盤内を伝播する角度が決まる。とくに、基盤へ伝わる波の角度が、図3-8のように九〇度になるときの入射角を臨界角と呼ぶ。臨界角で基盤に入射した波は、境界面に沿って基盤内を進むことになる。これを屈折波という。屈折波は、単に基盤内を伝播するだけでなく、エネルギーの一部を表層内へもらしながら進む。表層へもれ出すエネルギーは、再度臨界角で表層を斜め上方へ伝播し、地表面に戻る。このように、振源を出た反射波と屈折波は、基盤に達して地表に戻ってくるので、それぞれの波が伝播に要した時間を使えば、基盤の深さを見積もることができる。

図3-9は、横浜市北部で実施された反射法地震探査の結果である。この図は、コンピュータ処理した地中の反射面のイメージング結果を示し、色の濃い部分が振幅の大きい反射波の到着を表している。いくつかの反射面があるが、最も深いものが地震基盤に対応す

る地層反射面である。また、この図から、基盤上面には段差一㎞程度の断層があることがわかる。このように、反射法地震探査により地下の詳細なイメージを得ることが可能となる。

自然現象を利用する——微動

地震がなくても、地面は常に揺れている。ただ、これはわれわれが感じないくらい微小な揺れであり、高感度な地震計でないと記録することができない。こうした揺れは、波浪や風などの自然現象や、車両や工場などの人間の活動によって生じるものであり、「微動」と呼ばれている。微動と地震による揺れにまったく違いがなければ、微動を地震の代用として使えることになり、卓越する周期成分の推定などができて都合がよい。しかし、微動の発生源は複数あり、特定できず、常に揺れているので、図3-10に示すように、P波やS波の区別もなく、揺れはじめも終りもわからず、地震の場合とはまったく異なる観測記録になる。

微動は、地震を観測する場合にはノイズとみなされ、邪魔もの扱いになる。それでも、微動も地面の揺れであるのだから、どうにかして強震動評価のために活用しようという試みが、一九五〇年代に金井清博士らのグループによって先駆的に始められた。当時は、今の電卓程度の計算機もなく、微動の記録を記録紙に出力し、山と谷の周期を読み取って、微動の周期特性を調べていたので、非常に根気のいる作業だったろう。現在では、ノートパソコンを現場に持ち込んで観測すれば、ただちにスペクトルが表示され、解析が済んでしまう。こうした手軽さもあって、わが国では盛んに微動研究が続

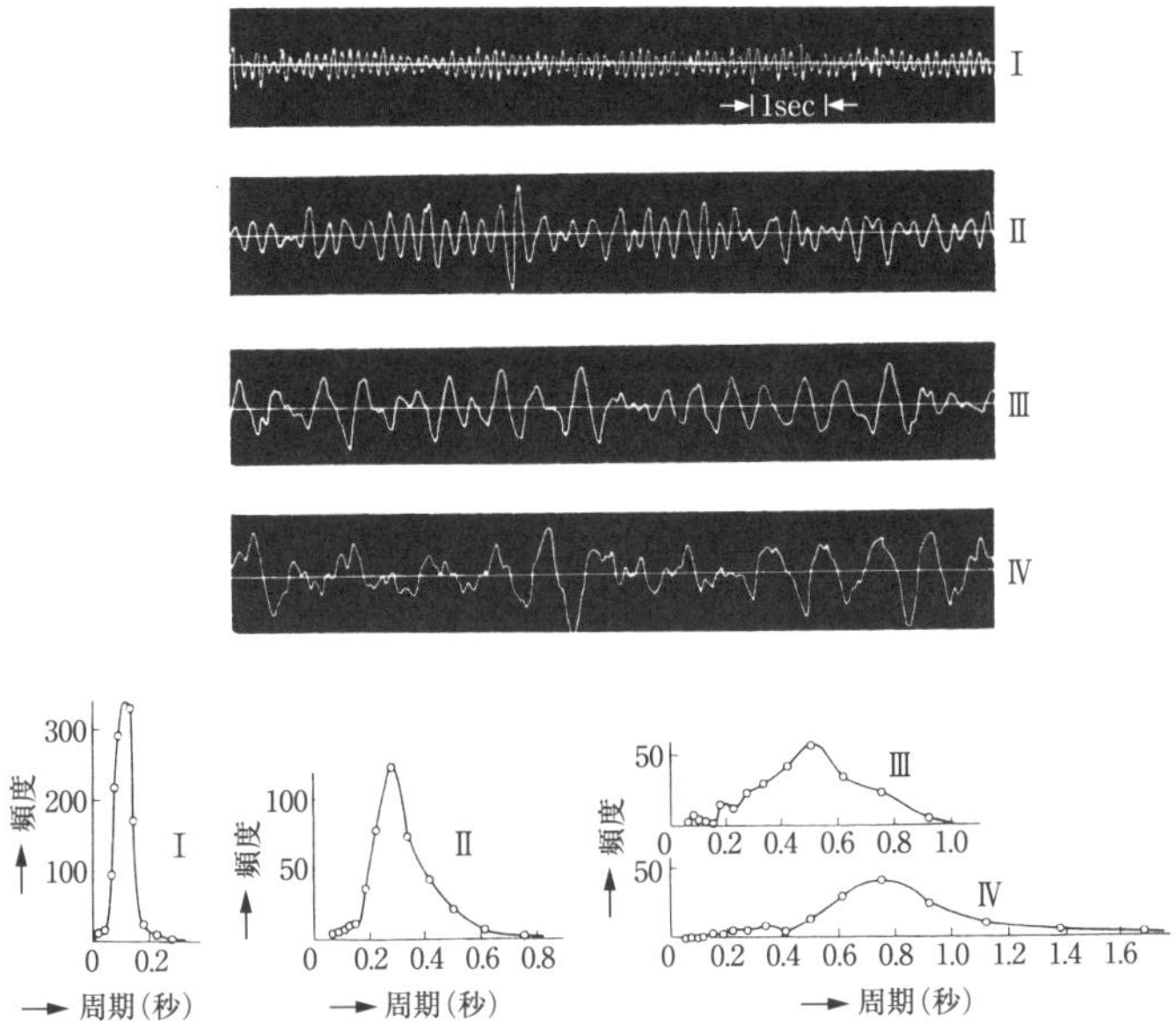

図3-10　微動の波形とスペクトルの比較［金井，1969］
軟弱な地盤（IV）では，微動の記録に長周期成分が多く，ピーク周期も長くなる．

けられ、現在でも日本の研究者が量と質ともに世界をリードしている分野である。

微動の活用には、二つの考え方がある。

一つは、微動から地震動の特性を推定しようと試みるものである。微動の卓越周期や二地点での微動のスペクトルの比などが、地震動の卓越周期や増幅特性を近似すると考える。図3-10は、地盤条件の違いによる微動の特性の差を示しており、地盤条件が異なる四つの地盤での微動の記録では、卓越する周期が明瞭に異なっていることがわかる。一般的に、これらの特徴が地震動のものと一致するのは、軟弱な地盤のようにインピーダンスのコントラストが大きい場合であり、どんな場合でも使えるわけではない。

もう一つの考えは、微動の伝播性状から地下構造を推定し、その情報で地盤モデルをつくり、数値計算によって強震動を評価しようと考えるものである。つまり、微動を物理探査の一つとして使う立場である。波動論的にみて、微動の主成分は表面波であることがわかっている。そこで、微動を複数の観測点で同時に観測すれば（群列観測）、微動を構成する表面波の伝播速度を抽出することができる。微動はいつでも観測できるので、地震動の群列観測ほど難しい観測ではない。たとえば、数台の地震計を設置して二～三時間後には回収すればよい。

前述のように、表面波には、伝播速度が周期によって変化するという分散性があり、伝播速度の変化のしかたは地下構造によって決まっている。そこで、観測された伝播速度に合うような地下構造モデルを逆に推定すればいいことになる。これは、「微動探査」と呼ばれており、低コストで探査ができるので、最近活用事例が増えてきている。

4　強震動を記録する

1　地震記録から地震動の強さを知る

地震波のいろいろ

第2章では、地震波がP波、S波、表面波で構成されていることを示した。ここでは、地震波の周期特性に着目してみよう。

50ページの第2章コラム図Aには、地面の動きをその「速度」の時間変化としてとらえた速度波形を示したが、強震観測記録にはこのほかに、地面の「加速度」や、「変位」の時間変化をとらえたものもある。加速度と変位は、それぞれ速度に対して微分・積分の関係にあり、いずれも同じ地面の揺

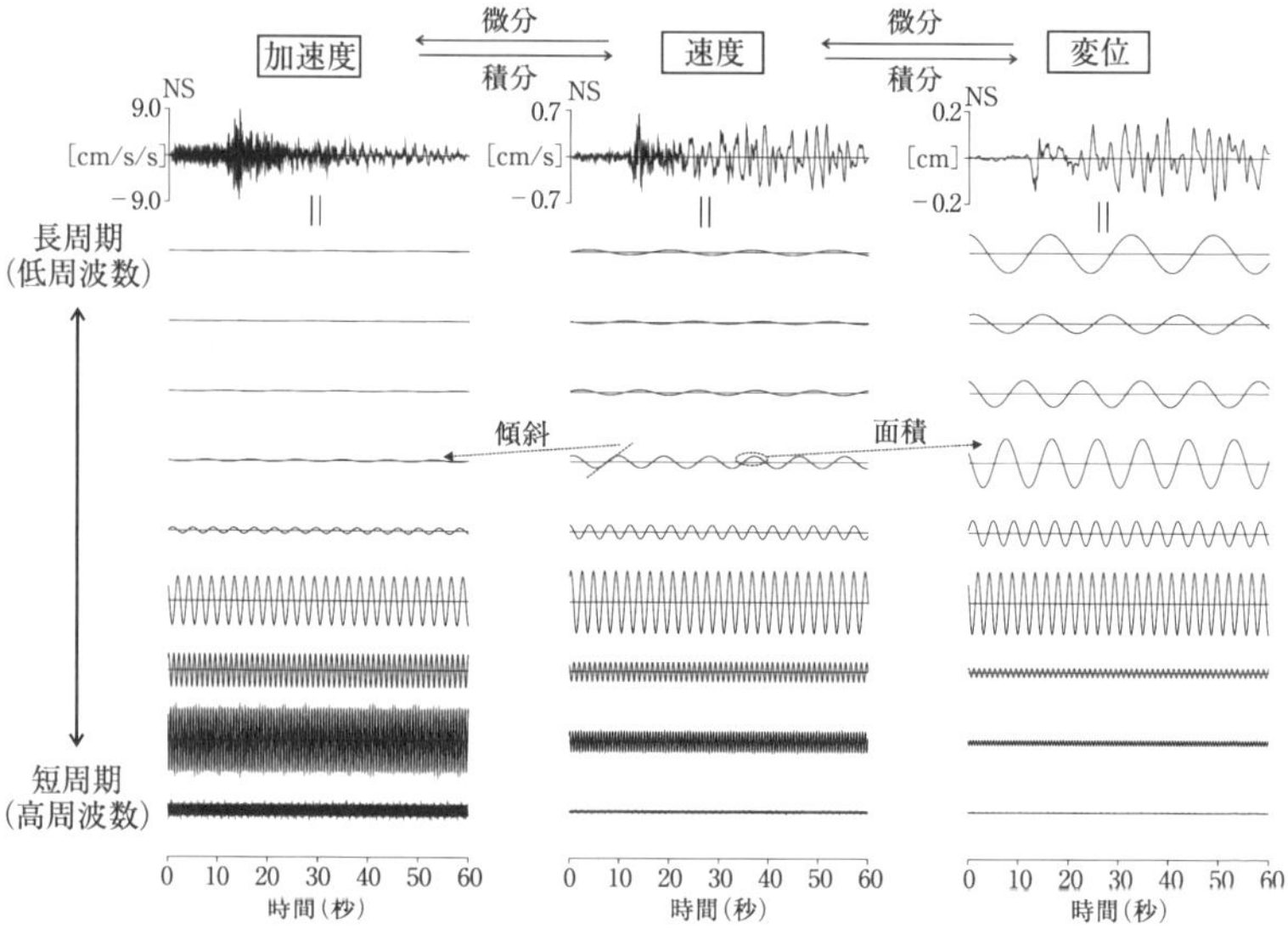

図 4-1　周期関数の重ね合わせによる振動の表現

れを異なるものさしで表現したものである。

地震動など振動の記録波形は、図4-1に示すように、周期関数（一定間隔で繰り返される関数で、たとえば三角関数）の重ね合わせで表現される。数学的にはフーリエ級数展開という（コラム参照）。この図の最も上の波形が、その下に示されている複数の三角関数の和となっている。微分は各時点の周期関数の傾斜に対応している。したがって、傾きが大きい短周期の波ほど、微分した波形の振幅が大きくなる。一方、積分とは、ある時点までの関数で囲まれる面積に対応する。したがって、長周期の波ほど積分した値が大きくなることがわかる。このため、変位波形（速度波形の積分）では長周期の地震動成分が顕著にみえるのに対して、加速度波形（速度波形の微分）では短周期の地震動成分が強調され

コラム●フーリエスペクトル

図4-1に示したように、時間とともに変化する波形を周期関数に分解し（フーリエ級数展開）、周波数（周期の逆数）ごとの振幅を表示したものを、「フーリエスペクトル」という。地震波がどのような周波数成分を持っているかは、フーリエスペクトルをみることで容易に知ることができる。また周期関数が時間軸上でどの程度遅れるかについて、一周期を三六〇度として、角度で表した量を「位相」という。

フーリエスペクトルは高速フーリエ変換（FFT）のアルゴリズムを用いて計算される。フーリエ変換についてここでは詳しく立ち入らないが、「フーリエの冒険」（トランスナショナル・カレッジ・オブ・レックス編、一九八八年）をゼロからスタートできる入門書の一つとして紹介しておく。

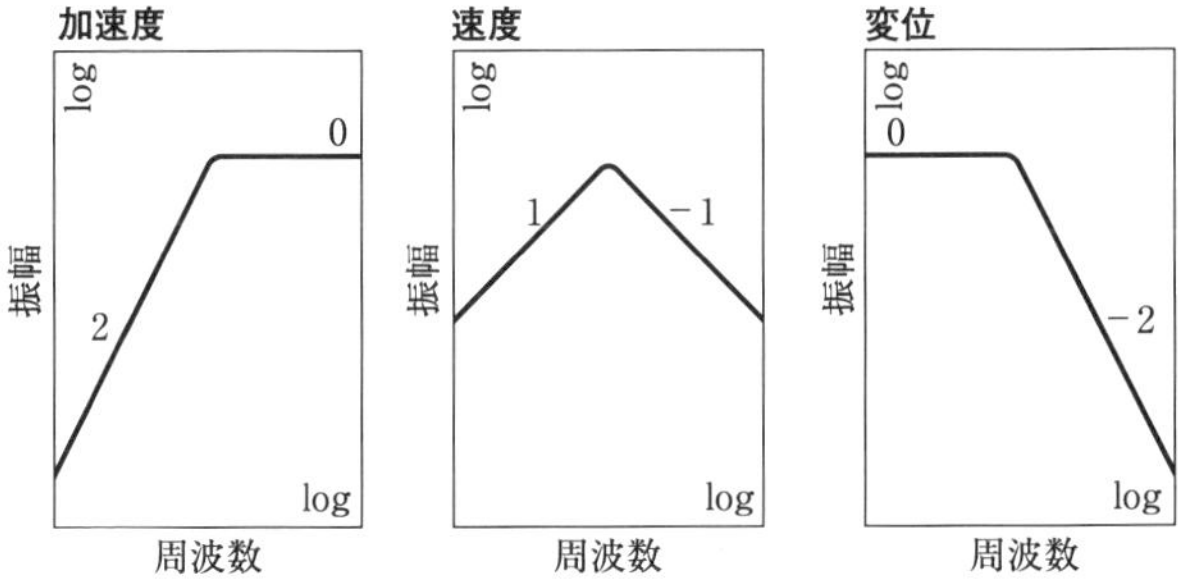

図A　フーリエスペクトルの微分・積分

> 一般に、フーリエスペクトルは、周波数の対数を横軸、振幅の対数を縦軸として表記される。このように表記すると、微分・積分の関係（数学的には$i\omega$（虚数単位×角周波数）の掛け算・わり算）が軸の傾きの変化として表現される。図Aには一般的な地震動のフーリエスペクトルを模式化して示している。変位スペクトルでは低周波数で傾きゼロ（一定）、高周波数で傾きマイナス二（周波数の二乗で小さくなる）だが、速度スペクトルでは低周波数で傾き一（周波数の一乗で大きくなる）、高周波数でマイナス一となっている。さらに加速度スペクトルでは、低周波数で傾き二、高周波数でゼロとなる。

てみえることになる。多くの建物の固有周期（揺れやすい周期）は〇・二秒から一秒にあり、そのような周期帯域の地震動を表現するには速度波形が適している。

地震被害への影響が大きい地震動は、加速度振幅と速度振幅の両方がともに大きく、そのような波形ではとくに周期一秒付近の地震動が卓越する。兵庫県南部地震の「震災の帯」の中では、そのような地震動が卓越していたと考えられている。単に速度だけ、あるいは加速度だけが大きい地震動では、地震被害との関連が小さいのである。

これを具体的な事例と比較して考えてみよう。地震時に観測されている記録の最大級の速度値は、時速一〇km程度（約二八〇cm／秒）であり、これはたとえば自動車の移動速度に比べると、かなり小さい。速度一定時の自動車の巡航では、速度は大きくても加速度はゼロであり、車にも乗員にもほとんど何の影響も生じない。また、停止した状態から一気に加速する瞬間には大きな加速度（一〇秒で四〇〇m移動するためには八〇〇cm／秒^{2}超の加速が必要）を生じるが、動き始めの速度は小さい。一方、高速に達した自動車が壁に衝突するような状況を考えると、車が急激に停止するために、高速度の状態で大きな加速度が生じることになる。このように加速度と速度とが両方大きい状況下では、車はもとより乗員に大きなダメージが懸念される。地震動も同じで、加速度と速度が両方大きい場合に、大きな被害を生じることになる。

以下では、いろいろな地震観測記録を、速度波形でみてみることにしよう。

図4-2(1)には二〇〇〇年（平成一二年）鳥取県西部地震の際に、震央付近の観測点で得られた本震と余震の速度波形を、南北、東西、上下方向の三成分で示している（各波形は最大振幅で正規化しており、また図によって時間軸も変えているので縦軸・横軸ともに図ごとに違うことに注意）。本震の記録は振幅が大きく、より長周期成分が卓越しており、同じ場所で得られた記録であっても、地震によってその特徴が大きく異なることがわかる。

図4-2(2)には、同じ二〇〇〇年鳥取県西部地震の本震を、震央付近と遠く離れた生駒山（大阪・奈良府県境の山地）山麓の観測点で観測した記録を示している。同じ地震の記録でも、遠く離れることにより、揺れの振幅が小さくなっている。また、震源近傍では地震動（主にS波）の継続時間が一〇秒程度であるのに比べて、遠方ではS波に続く表面波（長い伝播経路によって生じた）によって継続時間が長くなっている。

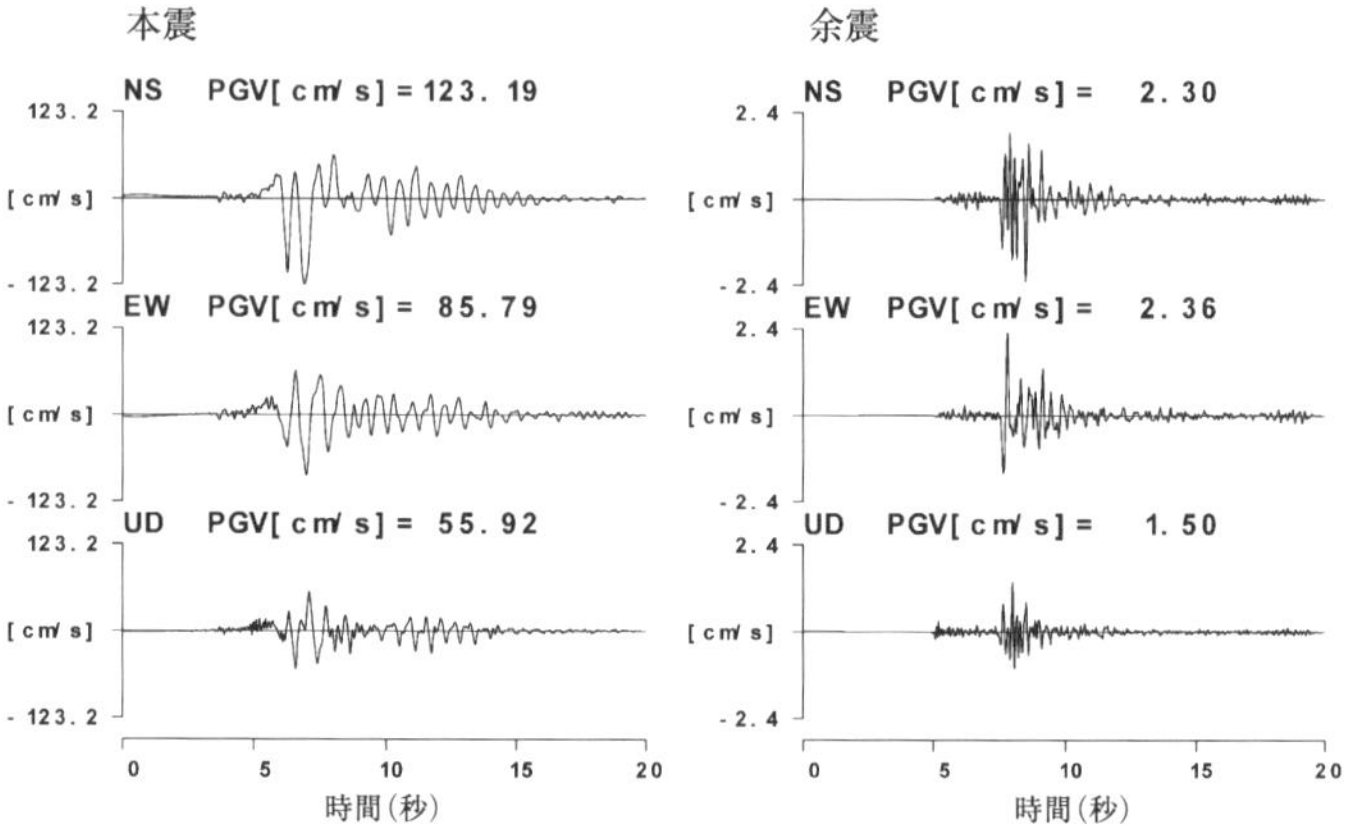

図 4-2(1)　2000 年鳥取県西部地震震央付近の本震記録（左）と余震記録（右）
PGV は最大速度のこと．それぞれ上から南北方向，東西方向，上下方向の速度波形を示す．

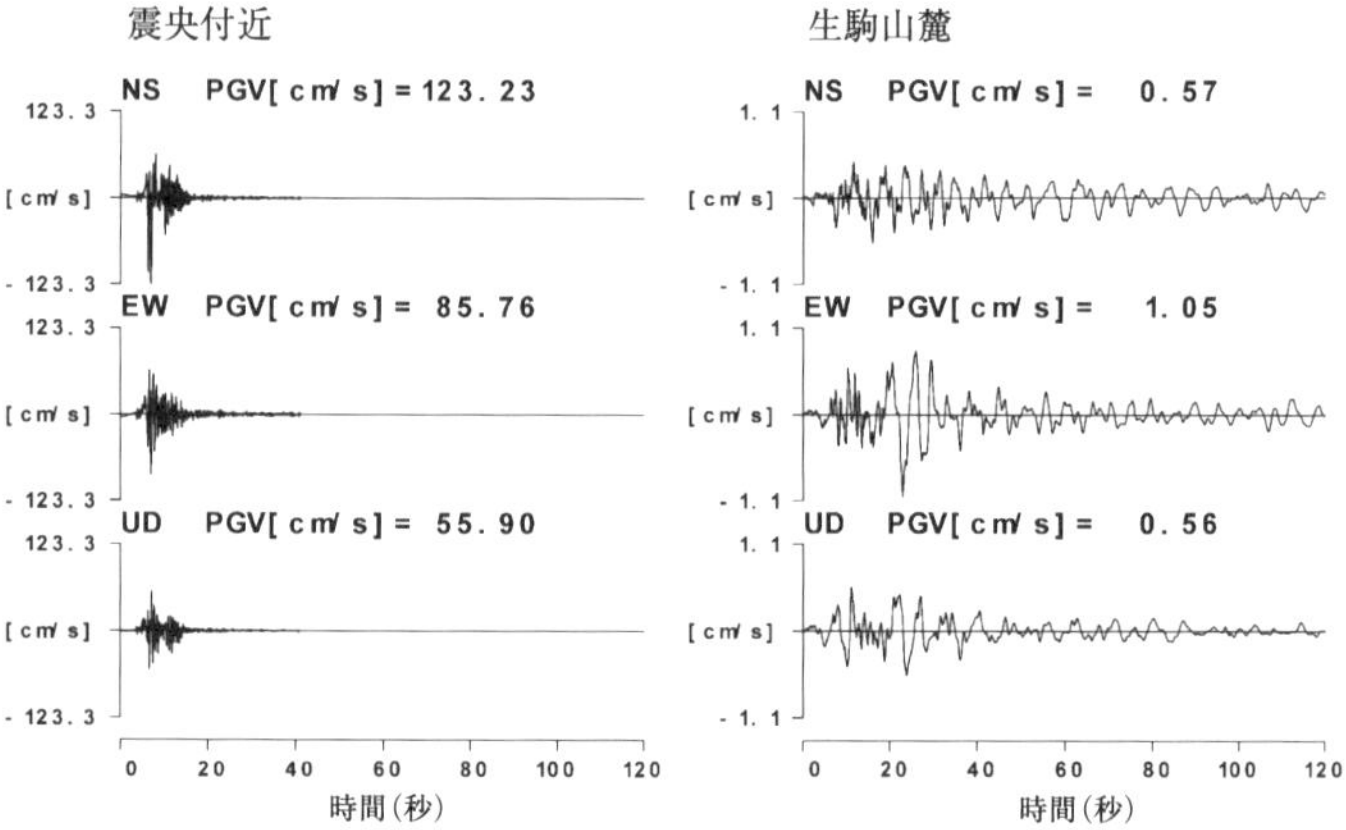

図 4-2(2)　2000 年鳥取県西部地震本震の震央付近の記録（左）と生駒山麓の記録（右）

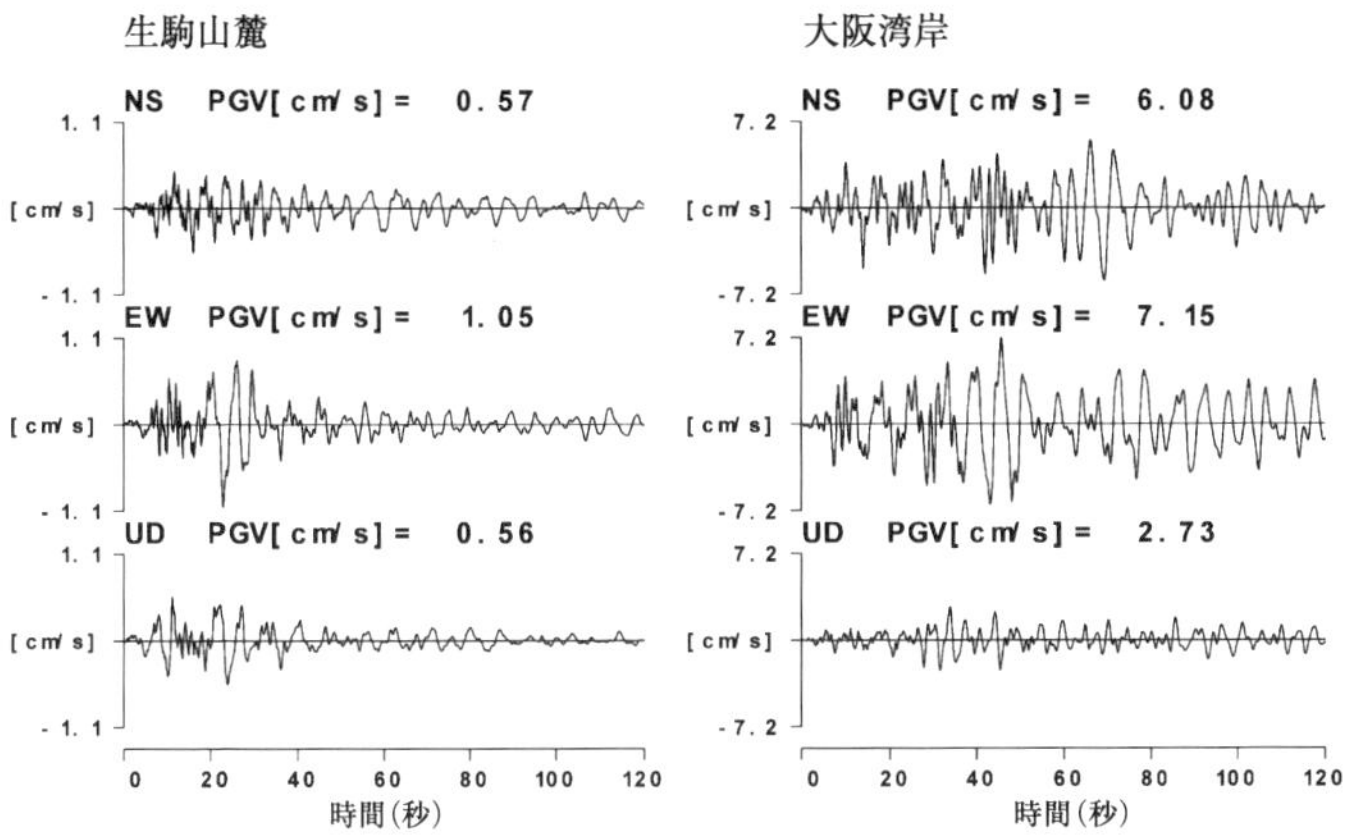

図4-2(3)　2000年鳥取県西部地震本震の生駒山麓の記録（左）と大阪湾岸部の記録（右）

図4-2(3)には、同じ本震を生駒山麓（前述）の硬い地盤と、大阪湾岸部の軟らかい地盤で観測した記録を示している。湾岸の記録は揺れの振幅も大きく、その大振幅が長時間継続している。同じ地震をほぼ同程度の距離で観測しても、地盤の違いによりその特徴が大きく異なることがわかる。

　このように、地震動は地震によって、また場所によって大きく異なっている。このような地震による違いは第2章で、場所による違いは第3章で詳しく解説したとおりである。

計測震度とは？

　地震時における揺れの強さを示す指標として、「震度階」が用いられる。震度階は第1章でも触れたように、周辺の揺れの様子や地震被害と密接に関連している。一九九六年（平成八年）四月以前は、このような震度階は、気象台における人間の体感や周辺の被害の様子から、人為的に決めていた。

一九九五年（平成七年）兵庫県南部地震の際、震度階を報告する地点が都道府県に一ないし数点しかなかったこと、一九四八年（昭和二三年）福井地震で家屋倒壊率三〇％以上として定義された震度七の適用に現地調査を要したこと、などから、現地の地震動・地震被害分布の把握にかなりの時間を要した。

このため、一九九六年四月以降は、図4-2に示したような地震観測記録を用いて一定の手順で計算することにより、自動的に震度階を把握するシステム（計測震度計）が導入されている。これによって、無人観測点でも震度階を把握することができるようになり、計測震度計による観測点が全国の市町村に配置されている。また、一九九六年一〇月からは、被害の様相が大きく変化する震度五と六の震度階をそれぞれ二つに分け、強・弱を付記するように改められている。

計測震度計の開発により、高密度の地震動の強さが自動的に把握できるようになり、震度七も現地調査を要さずに、短時間で決めることができるようになった。これらの震度階はテレビなど報道機関の地震速報で公表されている。ただし、一九九六年四月以前の震度が地震被害から評価された「結果」であったのに対し、それ以降の計測震度は、地震動から評価されたものであり、地震被害が生じる可能性のある「原因」となっていることに注意したい。

計測震度の算出法は「震度を知る―基礎知識とその活用」（気象庁、一九九六年）あるいは気象庁のホームページ（http://www.kishou.go.jp/know/shindo/shindokai.html）に詳しいが、基本的には周期〇・一から二秒の帯域の加速度と速度の大きさから評価されていると考えてよい。

計測震度の得られない場所では

計測震度計といえども、その配置密度には限界があり、市町村内の詳しい震度分布までは把握できない。このような場合、地震を体験した人々の感じた揺れと周辺の被害状況をたずねる用紙を対象地域で配布し、その回答を分析して詳細な震度分布を把握するアンケート震度調査が実施される場合がある。アンケート震度調査は、計測震度計が配置される以前の震度分布の把握にも活用されてきた。また、近世以前の過去の地震については、当時の人々の遺した記録や日記から地震に関する記載を探し、そこに書かれている被害状況から震度を推定する研究も行われている。

このほか、第1章で述べたように、墓地における墓石の転倒率を利用してその地点の震度を把握することも、地震被害調査の一環として行われてきた。地方や建築年代によって家屋の被害状況には差が大きいのに対して、墓石は同じような形状のものが多く、転倒時の挙動を把握しやすいことがその理由である。地震観測が充実する前の地震被害調査では、地震学者はよく墓地に行き、墓石の転倒や回転状況を調査して、その付近の地震動の大きさを把握したのである。一九九五年兵庫県南部地震でもこの方法によって震度が推定され、面的な震度分布の把握に利用された。このような地震動強さの分布の概略把握は現在でも行われているのである。

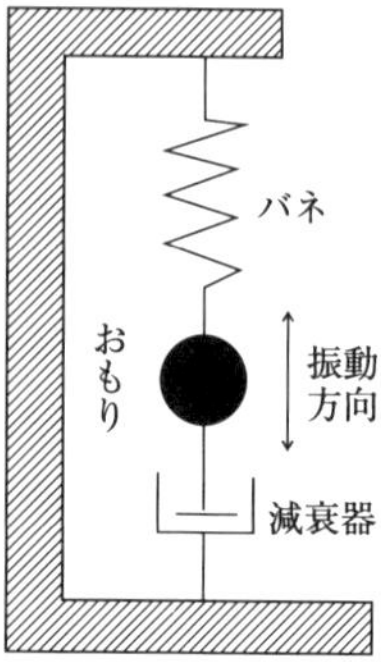

図4-3　機械式地震計（上下動）の模式図

2　地震計のしくみ

地震計の原理と特性

図4-2に示したような地震動は、「地震計」によって観測される。地震計が揺れを測定するためには、地面と一体となって同じ運動をしていてはならない。地震時には、地面とは異なった動きをする必要がある。その意味で、天井から吊り下げられた電灯等は地面と独立に運動するため、地震計となり得る可能性がある。しかし、吊り下げ電灯の揺れはなかなか減衰せず、いつまでもその固有周期（電灯のひもの長さで決まる振り子の周期）で振動してしまうため、地面の動きそのものをとらえることが困難である。

そこで、一般的な地震計には、図4-3に示すように、バネとおもりで構成される振動系に適当な減衰装置（ダンパー）が取り付けられ、系の固有振動が長い間続かないようにしている。なお、図4-3はおもりが上下に動く上下動地震計を示している。

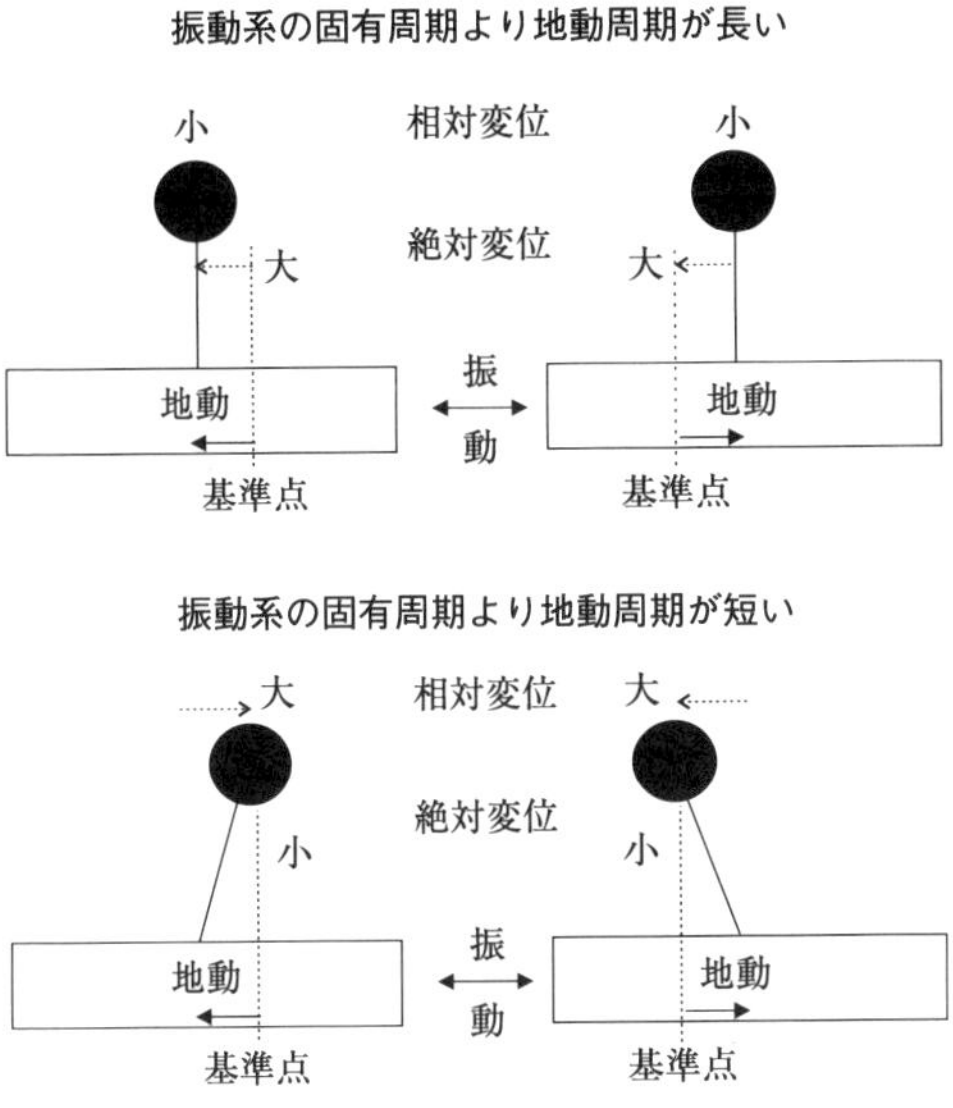

図 4-4　振動系の固有周期と地動周期の関係

このような振動系はバネが強いほど固有周期が短く、おもりが重いほど固有周期が長くなる。いま、ある固有周期を持つ振動系（地震計）にいろいろな周期の外力（地動）を作用させたときの運動を、図4-4に示す水平動地震計を用いて考えてみる。図では、板バネで支えられたおもりが水平方向に運動する倒立振り子をイメージしている。

振動系の固有周期よりも長い周期の地震動（図4-4の上）に対して、おもりは地面と一体にゆっくり動いてしまい、地面とおもりの相対変位は小さくなる。下の台をそっとゆっくり動かす状況を想像すればよい。

逆に固有周期よりも短い周期の地震動（図4-4の下）ではおもりは慣性的に静止

し、短い周期で振動する地震動の変位がそのままおもりと地面の相対変位となって計測される。これは下の台を急に動かす状況に相当する。「だるま落とし」で急激に台を横に抜き去っても、上の段が水平に移動せずにまっすぐ落ちてくることを想像すればよい。また、振動系の固有周期に近い地震動に対しては、共振によっておもりが大きく揺れてしまうことは、先に述べた通りである。ただし、適切な減衰装置でこの共振を制御することにより、振動系の固有周期付近でも安定して地動を計測することができる。

次に、地震計の性能として図4-4の現象を考察してみる。地面の変位を忠実に再現しているのは、下の図に示した、振動系の固有周期よりも地震の揺れが短周期の場合である（ただし、振動方向は逆）。この地震計は、固有周期よりも短周期成分の地震動について、変位計として地動を記録することができる。したがって、広い周期範囲の地震動を計測するためには、振動系の固有周期を長くする必要がある。このため、過去には巨大なおもりを持った地震計が用いられてきた。

波形をどのように記録するか

地震波形を記録することができる世界で初めての本格的な地震計は、明治初期に教鞭を取ったイギリス人教師ミルン博士らが、日本に来て初めて地震を体験したことを契機として、日本において開発されている。

地震計として波形を記録するためには、おもりの動きを検出して、記録する必要がある。このため

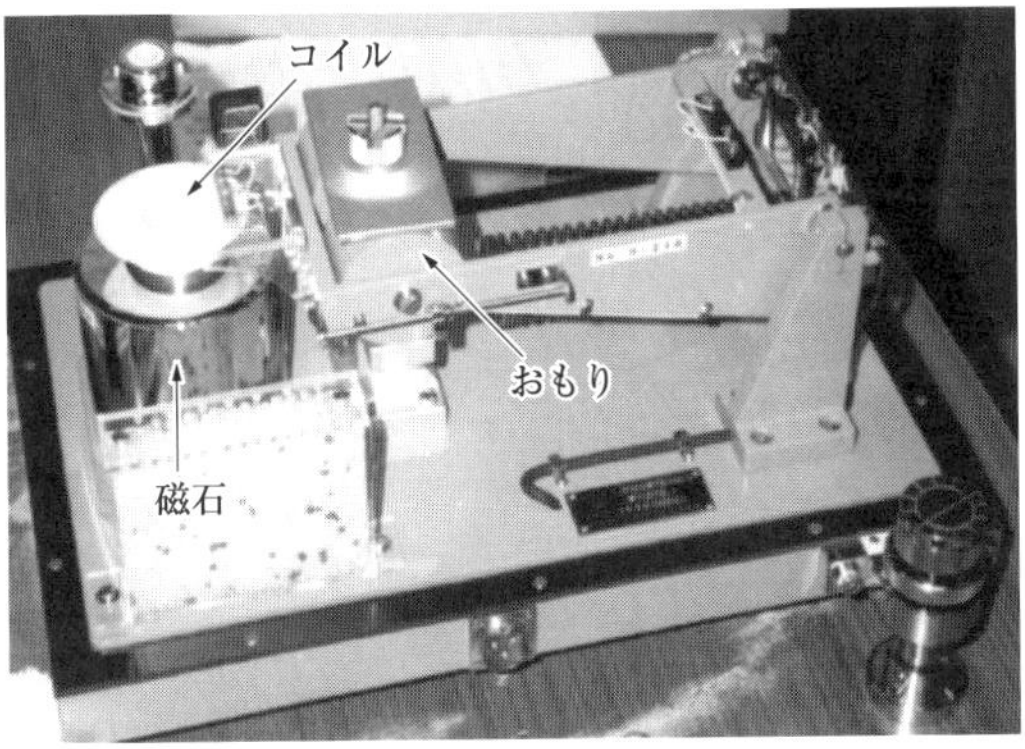

写真 4-1　電磁式地震計（上下動）

の方法として、地震観測の初期にはおもりに直接ペンを付け、時計で正確に送られる紙に波形を描く方式が用いられた。おもりの先に長いペンを付けると、揺れを拡大して描くことができる。このとき、ペン先と紙の間の抵抗が振動系に影響するため、煤《すす》を吹き付けた滑らかな紙に金属の針で記録を描くなどの方法が工夫された。

このほか、おもりに鏡を取り付け、そこに反射した光を印画紙に記録する光学式の記録系も用いられた。

現在では、おもりの動きを電気信号として取り出す電磁式地震計が主流となっている。電磁式地震計では、写真4-1のように、おもりにコイルを巻いたものを永久磁石の磁場の中で運動させることにより、コイルに発生する起電力を信号として取り出すことになる。磁場の中でコイルが運動すると、その速度に比例した電流が発生することが知られている（電磁誘導）。したがって、機械的に変位を記録する地震計を電磁式にした場合には、それは地震動の速度を出力する地震計（速度計）として機能することになる。

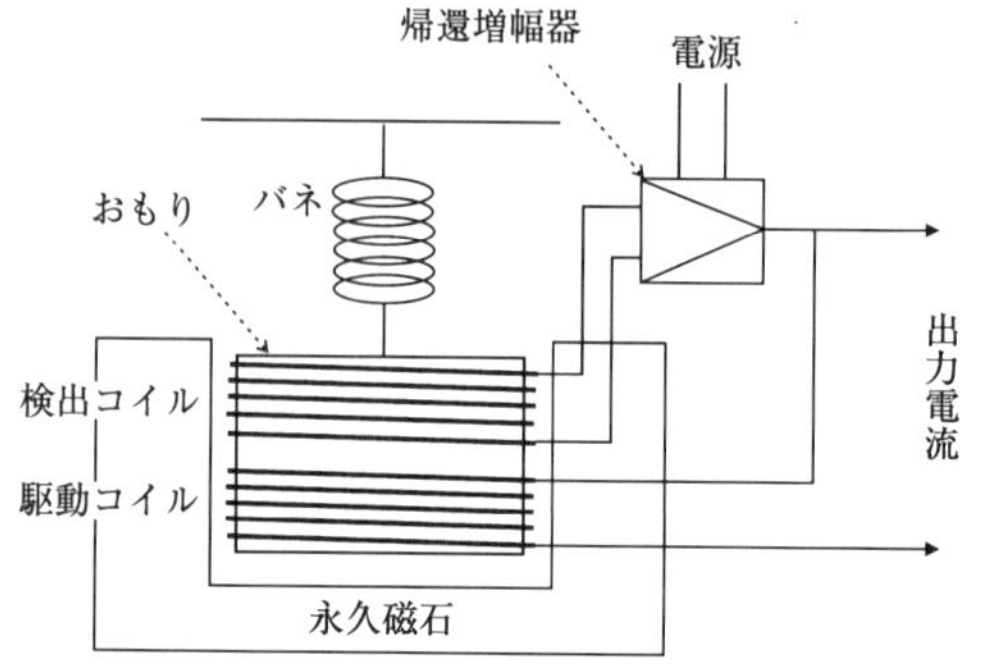

図 4-5　サーボ型強震計（上下動）の模式図

強震動を記録するサーボ型強震計

これまでに述べた地震計はおもりの運動を記録するものであり、計測し得る最大値がおもりの可動範囲に制限されている。このような地震計は小さな地動を精度よく測定するのに適しており、小さな震動（微小地震、常時微動）の観測に広く用いられている。

しかし、大きな地震動を計測することは、原理的に困難である。そこで、動こうとするおもりを電磁的に留めておくことにより大震動を計測する工夫がされた、「サーボ型地震計」（一般に強震計という）がつくられ、強震観測で広く用いられている。

サーボ型強震計の構造の一例を図4-5に示す。コイルを巻いたおもりが動くことにより、検出コイルに電流が発生する。この電流を帰還増幅器で変換して駆動コイルに流し、電磁誘導で生じる力によっておもりの動きを抑制する。駆動コイルに流す電流はおもりの動きを止めようとする力（おもりの質量と加速度の積）に比例している。コイルに流れる電流を取り出せば、地動の加速度に比例した量を測定することができる。この場合、おもりはほとんど動かないので、大きな震動でも振り切れてしまう危険が少ない。

安価で小型であることと、耐震設計に加速度値が用いられることが多いため、このようなサーボ型加速度計が強震計として広く用いられている。近年になって、地動の速度を検出できるように工夫されたサーボ型速度計も開発され、強震観測の幅が広がっている。

電磁記録方式の変遷

地震計から電流として取り出された信号は、アンプを用いて増幅することで、微小な震動の測定も可能となる。一九八〇年代頃までは、これをアナログのテープレコーダーに収録することが主流であった。その後のデジタル機器の台頭により、記録媒体はデジタルメモリとなり、A／D変換（アナログ信号をデジタルデータに変換）装置の高精度化とともに、収録装置のダイナミックレンジ（記録できる最小値と最大値の幅）も広くなっている。また、地震波到達より前の記録を蓄積しておく遅延回路によって、S波到来時刻から記録を始めた場合でも、P波初動からの観測記録が残せるようになっている。とくに、記録媒体がデジタルメモリとなったことで、記録計にテープレコーダーのモーターなどの駆動部がなくなり、強震時の過酷な条件での稼働における信頼性が増している。

初期の地震観測記録は現地で収録され、地震発生後に設置場所に行って記録媒体から記録を読み出していたが、近年の情報伝達技術の高度化により、電話回線やインターネットなどのネットワークを

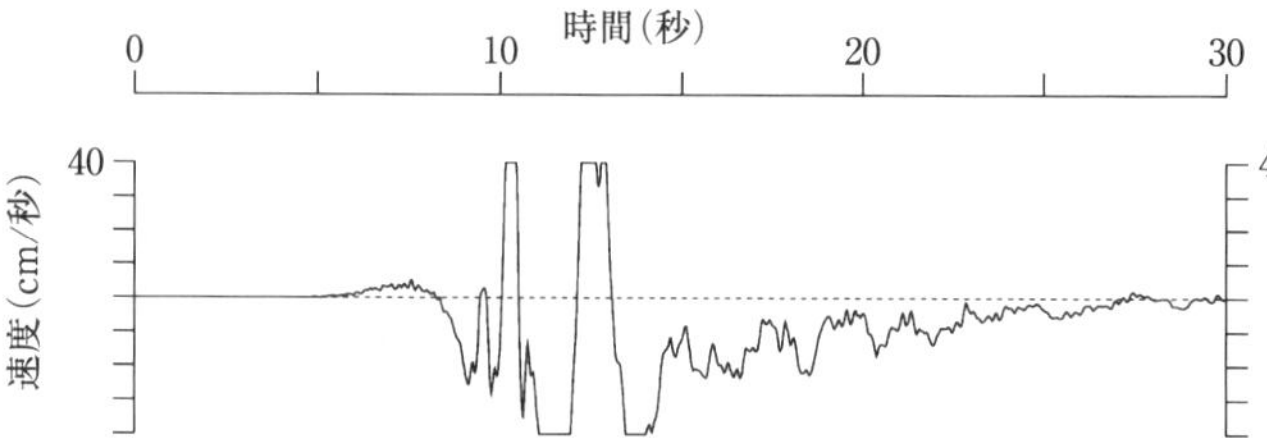

図 4-6　兵庫県南部地震の振り切れ記録の例

介した記録の即時入手および維持管理が可能となっている。このような技術によって自動的に得られた情報が、テレビなどの報道機関やインターネットによる地震速報などに活かされている。

3　強震観測でわかること

強震観測ことはじめ

地震動特性や構造物挙動の把握など、強震動研究および地震防災計画の立案、耐震設計の検討にあたっては、「強震観測記録」が不可欠な情報となる。

先に述べたように、地震計のおもりの動きを直接計測していたのでは、図4-6に示すように強烈な地震動では振り切れてしまう。これを克服するための原理（前節参照）は、日本の末広恭二教授（当時東京大学地震研究所）によって、一九三一年にアメリカの土木学会で初めて発表された。その実用化は日本に先駆けてアメリカでなされ、一九三〇年代にはいくつかの強震計が設置されて、一九四〇年インペリアルバレー地震でのエルセントロ波、一九五二年ケーンカウンティ地震でのタフト波など、現在の耐震設計においても参照される強震記録が観測された。その後も地震多発地帯であるアメリカ西海岸では、強震観測網が整備され、いくつもの被害地震で強震観測記録が蓄積されて、地震学・地震工学の研究に利用されている。

日本における強震計の開発は、戦後になってからのことである。一九四八年福井地震を契機とし、アメリカに遅れること二〇年の一九五〇年代に、SMAC型強震計が開発された。SMACとは、Strong Motion Accelerometer Committee という当時の日本の研究者たちによってつくられた委員会の名称であり、この強震計の開発が同委員会によるところが大きいことを示している。SMAC型強震計では、一九六二年広尾沖地震や一九六四年新潟地震において、初めて被害地震による強震観測記録が得られている。その後いくつかの被害地震による強震観測記録が蓄積され、耐震設計において大いに利用されている。

兵庫県南部地震の強震観測記録

一九九五年兵庫県南部地震では、神戸市域においていくつかの強震観測記録が得られ、われわれがそれまで持っていた震源近傍の強震動の認識を大きく改めることとなった。とくに、関西地震観測研究協議会が観測した神戸大学における速度波形(図4-7)は、複雑な断層破壊過程を反映した二つのパルス状の地震動(図中の矢印)で構成されており、この地震による強震動の特徴と地震被害を検討する上で重要なヒントを与えるものとなった。関西地震観測研究協議会は、関西地域に組織的な強震

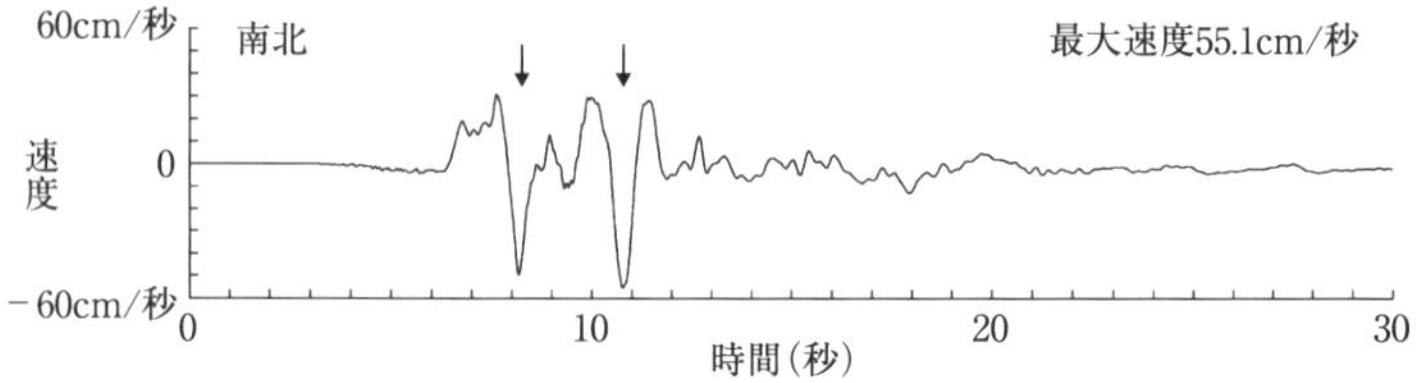

図 4-7　神戸大学における兵庫県南部地震の観測記録（南北成分の速度波形）

観測網がないことを懸念した産・官・学の各界有志が一九九四年（平成六年）に共同で強震観測点を設置したもので、同協議会が兵庫県南部地震の記録を取得して公開したことが、今日にいたる公開を前提とした高精度高密度強震観測の先駆けとなっている。

当時、神戸大学観測点は電話回線によって遠隔操作が可能であったが、震災による停電や電話の輻輳によって記録の回収ができなくなった。そこで同協議会事務局の職員が大阪から自転車で現地に赴き、電気が使える場所に記録装置を移動して記録回収を行った。神戸大学の観測記録に限らず、大震災下で貴重な強震観測記録を得るためには、表にはあらわれない多くの苦労が捧げられているのである。

一九九五年兵庫県南部地震の被災域では、組織的な強震観測体制こそ敷かれていなかったものの、官民学の各機関が独自に設置した観測点において、いくつかの貴重な強震観測記録が得られている。各機関が何らかの方法でそれらの記録を公開したことにより、地震動特性の把握に大きな貢献がなされた。しかし、この当時の強震観測点密度ではいわゆる「震災の帯」の中での強震観測記録が十分に得られておらず、この領域がどのような地震動にみまわれたかを示す詳細なデータはないのである（第5章参照）。

コラム●強震観測記録が耐震設計を変えてきた

耐震設計では、対象地点で将来どの程度の強さの揺れが想定されるかを決め、その揺れに耐えられる構造物を設計することになる。日本の耐震設計の技術は、地震被害と強震観測記録の蓄積とともに発展してきた。一九二三年関東地震の一年後には「市街地建築物法」が制定され、建物荷重の〇・二倍の外力に耐えるように設計する基準が示された。このように大震災に即応して耐震設計を法律化できたのは、一九一六年にすでに上記のような耐震設計の概念が、東京大学佐野利器教授によって確立されており、それに基づいて建設されたビルが関東地震の震災を免れたことによる。また、不完全ながらも東京大学構内で得られた地震観測記録も、設計基準の設定に貢献している。

一九四八年福井地震後の一九五〇年には「建築基準法」が確立され、過去に発生した被害地震の頻度を考慮した地域係数という考え方が導入され、全国一律ではなく地域性をふまえた設計基準が提示された。一九八〇年には「建築基準法」施工例が改正されているが、これには一九六八年十勝沖地震による鉄筋コンクリート建築物の被害の経験が反映されている。

また、一九九五年兵庫県南部地震を経て、二〇〇〇年には「建築基準法」に性能規定の概念が導入され、地域や地盤種別によって規定された設計基準ではなく、その建物の立地する周辺の地震環境と構造物に期待される耐震性能（ある規模の地震で無被害、利用可能な被害、倒壊はしない、など）に応じた地震動を想定した設計が可能となっている。

一九九五年兵庫県南部地震では、橋や港湾など多くの土木構造物も被害を受けた。このため、一九九六年にそれまでの「道路橋示方書」が改訂され、設計に用いる地震動に兵庫県南部地震の観測記録が反映された。また、「道路橋示方書」は二〇〇二年に再改訂され、全国一律の設計基準だけではなく、対象地点の地盤条件や周辺活断層を考慮した地震動による設計も可能となっている。
　このように、全国一律であった設計基準に地域性が導入され、ひいては対象構造物の置かれた地震環境を反映したものが考慮されるようになっている。これらの動きは、震源域での強震観測記録が得られ、さらに地域に応じた地震観測記録の入手が容易になったことが契機となっている。

　一九九五年兵庫県南部地震以降に整備された強震観測網によって、二〇〇〇年鳥取県西部地震（後述のK-NETで三〇三地点）、二〇〇一年芸予地震（同三二六地点）、二〇〇三年十勝沖地震（同三五八地点）、二〇〇四年新潟県中越地震（同三二五地点）、二〇〇五年福岡県西方沖地震（同二九九地点）、二〇〇五年宮城県沖地震（同四四七地点）などの際に、震源域を含む高密度の強震観測記録が得られ、世界の地震学・地震工学研究者に貴重な情報を提供している。

強震観測記録の常時活用

　強震観測によって得られる情報は、まれにしか発生しない大地震の記録だけではなく、より頻繁に発生する中小地震の観測記録がその大多数を占める。このような中小地震の観測記録を用いることにより、その場所の地盤増幅特性の研究が進展し、中小地震観測記録を用いた大地震による強震動のシミュレーション（経験的グリーン関数法、第5章参照）も可能である。また、簡便な強震動予測に用いられる距離減衰式は、多数の観測情報の統計解析結果であり、地震動の周期特性も観測記録の蓄積と解析から導かれている。このように、日常的に観測される、人体に感じられないような小さい地震観測記録からも、地域の地震動特性を把握する貴重な情報を得ることができる。

地震動の研究・予測を行うためには、まず対象地点における地震観測から始めることが望ましい。さらに地道な観測を継続して行っていくことが重要である。また、得られた観測記録は検索しやすい形式でデータベース化し、将来に遺すべき財産として管理することが望まれる。

4　最近の強震観測

世界有数の強震観測体制

一九九五年兵庫県南部地震のとき、気象庁の地震観測点は各都道府県に一ないし数点程度であったため、地震直後に得られた情報は、神戸・洲本で震度六、大阪が震度四、豊岡・京都・彦根で震度五であった（ただし、神戸・洲本の情報は遅れた）。また、震度七は建物被害を調査してからでなければ決められず、その発表には地震発生後三日を要した。（震度七となった地域の分布を把握するには、

写真 4-2　K-NET 観測点

最終的に三週間を要した。）

このような点を反省し、気象庁をはじめとする省庁や研究機関は、地震観測点および震度観測点を増強して、より地域に密接した地震動の把握に努めている。このため、いまや日本における強震観測点は優に五〇〇〇点を越え、世界有数の密度を持った強震観測体制が整えられている。日本のどこで有感地震が発生しても、必ず多数の観測点で強震記録が得られ、関係機関の即時対応や、地震動特性の把握に用いることができる。

K-NET、KiK-net

科学技術庁防災科学技術研究所（現独立行政法人防災科学技術研究所）は、全国約一〇〇〇点にほぼ二〇kmの等間隔で強震観測点を設置し、その記録を公開する事業を一九九六年に開始した。この地震計網は「強震ネット」（K-NET）と呼ばれ、主に市町村の公共施設など人口密集地に設置されている。写真4-2にK-NET観測点の様子を示す。

この小屋の中に、強震計などの観測装置が設置されている。読者の皆さんの近くの役所・消防署・公園・学校などでこのような施設をみかければ、それがK‐NETの観測点である。

K‐NETが市街地の強震動を把握することを目的としているのに対して、地震動の性質そのものを研究することを目的とした「基盤強震ネット」（KiK‐net）が、主に山間部の硬質な地盤条件に設置されている。KiK‐netでは地表と地中（主に深さ一〇〇から二〇〇m）に強震計が設置されており、堆積層の影響ができるだけ少ない場所での地震動の把握が行われている。

これらの強震観測記録・観測点情報・地震波形解析ツールは、インターネット上のWEBサーバーで公開されており（図4‐8）、新しい地震観測とデータ共有のあり方を示唆する画期的なものとなっている。K‐NET、KiK‐netでは、大地震から中規模地震まで、貴重な強震観測記録を提供し続けている。二〇〇〇年鳥取県西部地震、二〇〇一年芸予地震時には、地震発生直後からの電話の輻輳を縫ってデータの回収が進められ、システムを維持管理している研究者・技術者の努力によって、深夜まで時々刻々とデータベースの更新が行われた。このようなシステムの不断の維持管理には、多大な労力が必要なのである。

防災科学技術研究所では、地震直後にK‐NETが計測震度を速報し、記録も回収できるように、二〇〇三年より順次システムの更新を行っている。このことにより、地震発生後から記録が即時公開されるようになっている。こうしたWEBサイトは多少専門的であるが、誰でもアクセス可能であり、自分の住んでいる付近でどんな地震動が観測されているのかみてみるのもよいだろう。

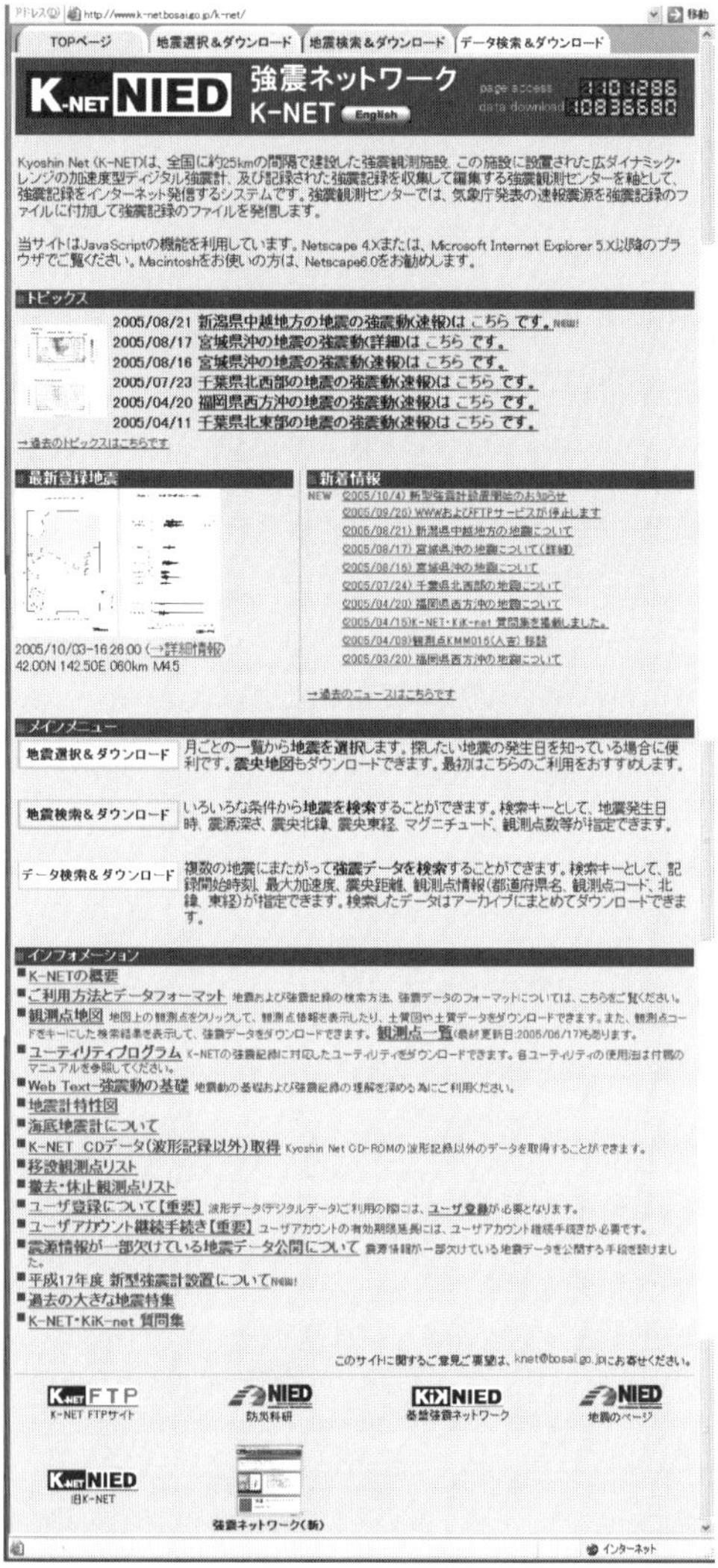

図 4-8 K-NET ホームページ
(http://www.k-net.bosai.go.jp/k-net/)

市町村の震度計

各地方自治体も、自治省（現総務省）の指導のもと、管轄区域内の地震動分布をいち早く把握するために、地震計や計測震度計の導入を行っている。その中でも、横浜市は独自に強震観測点を市内に計一五〇台設置し、市内の地震動分布を公表している（図4-9）。市内の地域ごとの揺れが細かくわかり、いざ大地震が発生したときに効果的な対応が可能となる。また、このような地震情報の積極的な提供により、市民の地震防災意識が高まり、家屋の耐震改修が積極的に行われるなどの効果をあげている。

市町村に設置された計測震度計は、大地震直後の震度分布を把握することを目的として設置されたものである。計測震度計は、観測波形から計測震度を現地で演算し、地震発生後速やかにそれをセンター局に送信するようになっている。このため、ほとんどの機種が演算後も波形を内部に保存する機能を持っている。しかし、計測震度値に比べて波形データは容量が大きく、センター局へ送信するための手だてが講じられていないものが多い。また、計測震度計は大地震記録だけではなく、日常的に発生している中小の地震記録も保存しており、それらは地域の地震動特性の把握に情報を提供することが期待される貴重な記録である。一部の自治体では、計測震度計を管理する防災部門の方々の努力によって観測記録の回収が行われているが、多くの観測記録は現地に死蔵されるか、新しい観測記録でメモリが上書きされ、貴重な記録が失われてしまうことが多い。

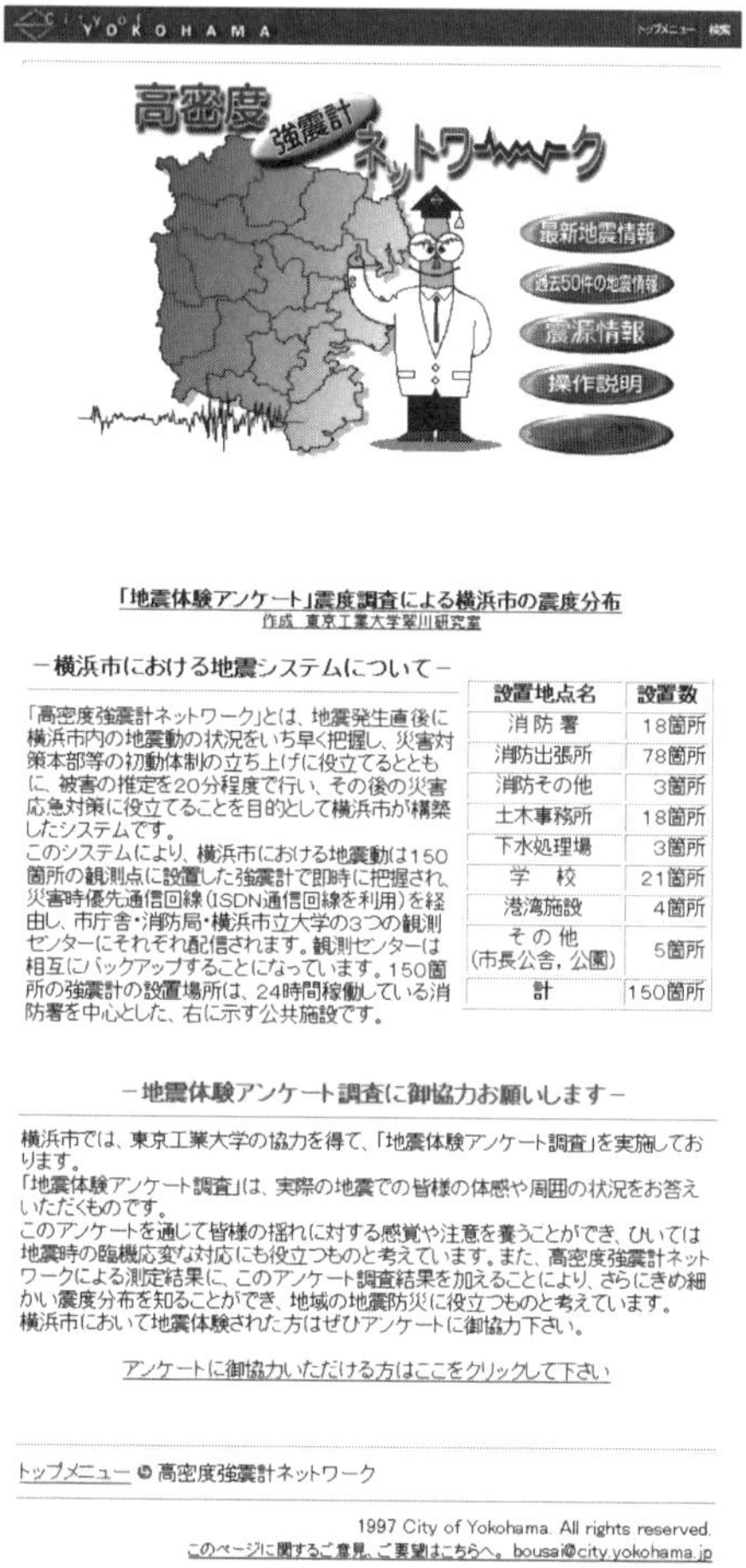

City of YOKOHAMA　トップメニュー　検索

高密度強震計ネットワーク

最新地震情報
過去50件の地震情報
震源情報
操作説明

「地震体験アンケート」震度調査による横浜市の震度分布
作成　東京工業大学翠川研究室

－横浜市における地震システムについて－

「高密度強震計ネットワーク」とは、地震発生直後に横浜市内の地震動の状況をいち早く把握し、災害対策本部等の初動体制の立ち上げに役立てるとともに、被害の推定を20分程度で行い、その後の災害応急対策に役立てることを目的として横浜市が構築したシステムです。

このシステムにより、横浜市における地震動は150箇所の観測点に設置した強震計で即時に把握され、災害時優先通信回線（ISDN通信回線を利用）を経由し、市庁舎・消防局・横浜市立大学の3つの観測センターにそれぞれ配信されます。観測センターは相互にバックアップすることになっています。150箇所の強震計の設置場所は、24時間稼働している消防署を中心とした、右に示す公共施設です。

設置地点名	設置数
消防署	18箇所
消防出張所	78箇所
消防その他	3箇所
土木事務所	18箇所
下水処理場	3箇所
学　校	21箇所
港湾施設	4箇所
その他（市長公舎，公園）	5箇所
計	150箇所

－地震体験アンケート調査に御協力お願いします－

横浜市では、東京工業大学の協力を得て、「地震体験アンケート調査」を実施しております。

「地震体験アンケート調査」は、実際の地震での皆様の体感や周囲の状況をお答えいただくものです。

このアンケートを通じて皆様の揺れに対する感覚や注意を養うことができ、ひいては地震時の臨機応変な対応にも役立つものと考えています。また、高密度強震計ネットワークによる測定結果に、このアンケート調査結果を加えることにより、さらにきめ細かい震度分布を知ることができ、地域の地震防災に役立つものと考えています。

横浜市において地震体験された方はぜひアンケートに御協力下さい。


アンケートに御協力いただける方はここをクリックして下さい

トップメニュー ◎ 高密度強震計ネットワーク

1997 City of Yokohama. All rights reserved.
このページに関するご意見、ご要望はこちらへ。bousai@city.yokohama.jp

図 4-9　横浜市高密度強震計ネットワークのホームページ
（http://www.city.yokohama.jp/me/bousai/eq/）

このような記録の活用が研究者の願いであったが、計測震度データを一元管理している気象庁が、近年になって地方自治体の地震記録も保存・公開する方向に動き始めたという朗報が聞こえてきている。

強震観測の未来

強震観測は、過去に発生した強震動を記録として残すだけではなく、第5章で述べるように、震源域でとらえた情報をいち早く都市域に伝達して、揺れる前に情報を伝えるシステムにも活用されつつある。

また、強い地震動を検知してガスを遮断するガスメーター（マイコンメーター）や、超小型加速度計がカーナビの慣性モニター装置（GPS信号の届かないトンネル内などでも移動量を推定する）に利用されるなど、地震観測の技術が広く生活に浸透しつつある。一方で、家電製品がインターネットに接続されるなど、機器のネットワーク化が急速に進展している。地震観測装置の中にも、インターネットに直接接続して記録の収集・管理を行うものが開発されている。このような流れの中で、生活に利用される超小型地震計（振動計）からの膨大な情報が、瞬時に防災センター局に集まる日も遠くないものと期待される。

そのような状況になれば、地震の発生と同時に、震源域での密な面的観測情報を基に震源パラメータを推定し、必要な地域に警報を出すことができる。また、そのような緊急地震速報や個々に設置された強震計の観測情報に基づいて、危険物を扱う工場の機械を自動停止したり、各方面へのガスの供給を遠隔遮断することもできる。また地震発生時には、建物内部を含めたきめ細かい揺れの分布が把握され、即時対応に利用されるようになろう。同時に、これら膨大な情報を一元管理することで、地域地盤の揺れやすさや地震タイプごとの地震動の特徴が研究・整理され、震災に強い社会環境づくりが可能となっていくことが期待される。

コラム●インターネットで入手できる強震記録・情報

いくつかの機関の強震観測記録は公開されており、観測波形の閲覧、またデジタルデータを入手することが可能な場合もある。ここでは、それらのうち主なものの入手先・問い合わせ先を示す（有償も含む）。（ただし、ここに示した情報は二〇〇六年五月末日現在のものであり、その内容は時間とともに変化するものであることをお断りしておく。）

●インターネットで強震デジタル・データを公開

・（独）防災科学技術研究所強震ネット（K-NET）
http://www.k-net.bosai.go.jp/k-net/
http://www.kyoshin.bosai.go.jp/k-net/（即時公開データ）

・（独）防災科学技術研究所基盤強震ネット（Ki-net）
http://www.kik.bosai.go.jp/kik/

・（独）港湾航空技術研究所
http://www.eq.ysk.nilim.go.jp/

●ホームページで最大値や震度を公開

・（財）日本気象協会（気象庁）
http://www.tenki.jp/qua/

・（財）地震予知総合研究振興会
http://www.adep.or.jp/shindo/

・強震観測事業推進連絡会議
http://www.k-net.bosai.go.jp/KYOUKAN/index/

・首都圏強震動総合ネットワーク（東京大学地震研究所）
http://www.sknet.eri.u-tokyo.ac.jp/

・東京ガス（株）の高密度地震観測網（Jishin.net）
http://www.jishin.net/

・横浜市
http://www.city.yokohama.jp/me/bousai/eq/

・関西地震観測研究協議会
http://www.ceorka.org/

●ＣＤやＦＤで記録配布

・（財）気象業務支援センター（気象庁）
http://www.jmbsc.or.jp/

・（財）震災予防協会（強震データベースＣＤ-ＲＯＭを販売） http://www.aedp-jp.com/

・関西地震観測研究協議会
http://www.ceorka.org/

これらのほかにも、特定の地震（兵庫県南部地震など）による観測記録を公開している機関などがある。とはいえ、過去の地震も含めた国内の地震観測記録を系統的に整理・公開しているところはなく、今後膨大なものになると考えられる強震観測記録の利用活用にあたっての課題となろう。また、地盤上の観測点の急増に比べて、構造物の地震時挙動把握のための強震計の設置数が追いついていないことが、地震防災・耐震設計の観点から懸念されている。

5 強震動を予測する

1 強震動予測とは

強震動予測の意義

これまで述べてきたように、地面の揺れは、地震の際に震源から放射された地震波が地表面に到達することによって生じるものである。したがって、将来起こる可能性のある地震により生じる強い揺れ（強震動）を予測するためには、その生成および伝播過程のシミュレーションが必要となる。

では、なぜ強震動予測が必要なのであろうか。それは、地震被害を軽減するための第一歩となるからである。合理的に地震被害の軽減をはかるためには、地震が起こったときの被害を事前に想定しておき、この被害想定に基づいて、被害軽減のための対策を検討し、準備しておくことが重要となる。

地震による多岐にわたる被害は、大別すると、目にみえる物理的な被害と目にみえない被害とに分けられる。前者は「直接被害」と呼ばれ、各種施設の倒壊・損傷や火災などの物的被害、ならびに人命の損失や人の傷害などの人的被害があげられる。後者は「間接被害」と呼ばれ、経済被害や人生・暮らしの被害などがある。

一九九五年兵庫県南部地震による阪神・淡路大震災では、直接被害額が約一〇兆円、間接被害額が約一〇兆円と見積られている。これは、国の一般会計予算一年分の約四分の一に相当するほど大きいものであった。そこで、国や自治体などでは、被害を及ぼす可能性のある地震に対して強震動予測を行い、これらの被害がどの程度になるかなど、さまざまな事前調査を行っている。

第1章で述べたように、これらの被害をもたらす地震に伴う自然現象は、大きく分けると、強震動、地表における断層のずれや、山崩れ・地すべりなどの地形の変化（地変）、液状化、津波である。このうち、強震動と直接的な関係がないのは津波のみである。しかし、津波は、強震動の発生源である断層運動による海底面の動きに関係しており、強震動予測用の断層モデルを作成する上で重要な役割を果たすことがある。このように考えていくと、広い意味では地震に伴う自然現象はすべて、強震動予測の守備範囲に入ると考えてもよいであろう。

このように、地震被害を軽減するためには、地震に伴う自然現象の理解、それに基づいた被害をもたらす自然現象のモデル化と予測、被害予測、被害軽減策の検討という手順を踏むことになる。強震動予測は、地震被害をもたらす自然現象の予測という重要な役割を担っているのである。

構造物の固有周期と強震動

地震被害を大幅に軽減させるためには、将来、それぞれの構造物が遭遇するであろう強震動に対して、構造物が崩壊したり大被害を受けることがないように設計する必要がある。そのためには、構造物を数値的なモデルで表して、それと地盤が接している部分に入力する強震動（入力地震動ともいう）を用意し、強震動を受けた構造物がどのような挙動を示すかをシミュレーションする必要がある。構造物を建設する地点で、当然のことながら将来起こる地震の記録は得られておらず、将来起こると予想される地震の記録と同様の性質を有する記録が得られている場合もほとんどない。そこで、将来起こる地震の当該地点での強震動を、シミュレーションによって予測することが必要となる。

現在、存在している構造物は、一階ないし二階建ての木造住宅から、五〇階建ての超高層ビル、エネルギー関連の大型施設、免震構造物や制震構造物のような新しい構造物にいたるまで、さまざまである。そして、これらの構造物には、その構造物に固有の揺れやすい周期（固有周期）と、そのときの揺れ方（固有モード）がある。

「固有周期」は、対応する固有モードで構造物が一揺れするのに要する時間である。一般的な構造物では、固有周期の数は一つだけではなく、構造物の自由度数の分だけ存在する。正確な表現ではないが、直感的に理解するには、単純な五階建ての構造物は五つの固有周期を持つと考えても差し支えない。複数ある固有周期のうち、最も長い固有周期を一次固有周期、周期が短くなるにしたがって、二次、三次、…、n次固有周期と呼ぶ。一次固有周期を単に固有周期あるいは基本固有周期と呼ぶ場合もある。

一次固有周期よりも長い周期帯域には、固有周期は存在しない。したがって、構造物の揺れを考える場合、強震動として考慮すべき周期帯域は、一次固有周期付近から短い周期範囲のみとなる。ただし、構造物に損傷を及ぼすような大きな揺れであれば、後に述べるように、より長い周期範囲までの地震動を考えなければならない。さらに、一般的な構造物の場合、高次の固有モードを無視して、一次から数次までの低次の固有モードのみの重ね合わせで構造物全体の揺れをおおむね表現できることから、強震動としてとくに考慮すべき重要な周期帯域は、一次から数次の固有周期が存在する周期範囲となる。

構造物の地震時の挙動には、強震動に含まれる周期成分の中でも、とくに構造物の固有周期付近の成分が大きく影響する。第4章で述べたように、地震の揺れの記録にはさまざまな周期の波が混ざっており、その周期特性は一定ではなく、周期により大きな揺れであったり、小さな揺れであったりする。大きな揺れとなる周期を強震動の「卓越周期」と呼ぶ。強震動の卓越周期が構造物の固有周期（弾性時の固有周期）と一致すると、地面の揺れと構造物の揺れが同調することによって、構造物の揺れが増幅される現象（共振現象）が起こる。共振現象により構造物が大きく揺すられると、揺すられている最中に構造物内部に亀裂が発生して損傷を受け、構造物の剛性が低下（塑性化）して固有周期が長くなる。第3章で説明した地盤の非線形効果と同じである。

さらに大きく揺すられると、構造物の部材が損傷を受け、剛性がさらに低下して、固有周期はますます長周期化する。このように、構造物の損傷・崩壊にいたるまでの過程を考える場合、構造物の応答に大きな影響を及ぼす強震動の周期範囲は、構造物の当初の固有周期付近から、より長い周期にまで広がってくる。

したがって、とくに構造物の損傷や崩壊にいたる過程まで検討する場合には、強震動予測で対象となる周期範囲としては、対象とする構造物の一次固有周期を目安としてそれよりも短い周期範囲を含めるだけでなく、固有周期の長周期化を考慮して、より長周期側の範囲まで含めることが必要となる。

構造物の被害からみて、本当に厳しい強震動とはどのようなものであろうか。強震動の卓越周期が構造物の当初の固有周期と一致しても、その周期を中心としてごく狭い周期帯域だけにかなり大きな揺れが集中している場合には、構造物が塑性化して固有周期が長周期化すると共振現象は緩和される。一方、構造物の当初の固有周期よりも少し長周期側を中心として幅の広い周期帯域で大きな揺れがある場合には、構造物の塑性化がますます進行し、崩壊にいたる可能性が出てくる。

このような可能性がある具体的な事例として、一九九五年兵庫県南部地震の際に神戸の「震災の帯」でみられた建物の甚大な被害をあげることができよう。同地震では、大振幅のパルス状の強震動が「震災の帯」を襲った。このパルス状の波は周期一～二秒を中心として広い周期帯域で大きな揺れを有するものであった。一方、「震災の帯」で倒壊した構造物の多くは、とくに耐力が乏しい木造建物であったが、これらの建物の固有周期は、強震動の卓越周期である一〜二秒ではなく、〇・五秒以下と短いものであった。このような地震動と固有周期の関係から、木造建物が倒壊にいたる過程をだいたんに推測してみよう。まず、建物は強震動の周期〇・五秒以下の短周期成分で揺すられて損傷を受け、建物の固有周期が一秒前後までのびた。そして、建物は強震動の周期一秒前後の成分でさらに大きく揺すられて、倒壊にいたったと考えられる。

構造物の地震時挙動にとって大変重要な強震動の卓越周期と卓越周期付近における揺れの大きさは、前章までで述べたように、構造物が立地する地点周辺の地盤構造に大きく影響されることがよく知られているが、震源や地震波の伝播経路の地下構造にも影響されることが、長年の強震観測から明らかとなってきた。そのよい例を、苫小牧港における強震記録の速度応答スペクトル（本章コラム参照）の比較にみることができる（図5-1）。苫小牧では二〇〇三年十勝沖地震（M八・〇）の際に、周期七〜八秒のゆっくりとした揺れが卓越し、石油タンクのスロッシングによって予期せぬ火災を発生させた。この苫小牧で、これまでに観測されたM七からM八クラスの地震の強震記録の速度応答スペクトルをみると、周期七〜八秒に卓越周期がある地震が多い中で、一九九三年北海道南西沖地震（M七・八）の卓越周期は九〜一〇秒と異なっている。原因に関しては詳細な分析が必要であるが、この事例は、同じ地点であっても、地震動の卓越周期がいつも同じであるとは限らないことを物語っている。

このような強震動の卓越周期を正確に予測するには、対象地震を特定し、震源特性の地域性を考慮して断層破壊過程に関する考えられるだけのシナリオを用意し、地震波の伝播特性の地域性、地盤で

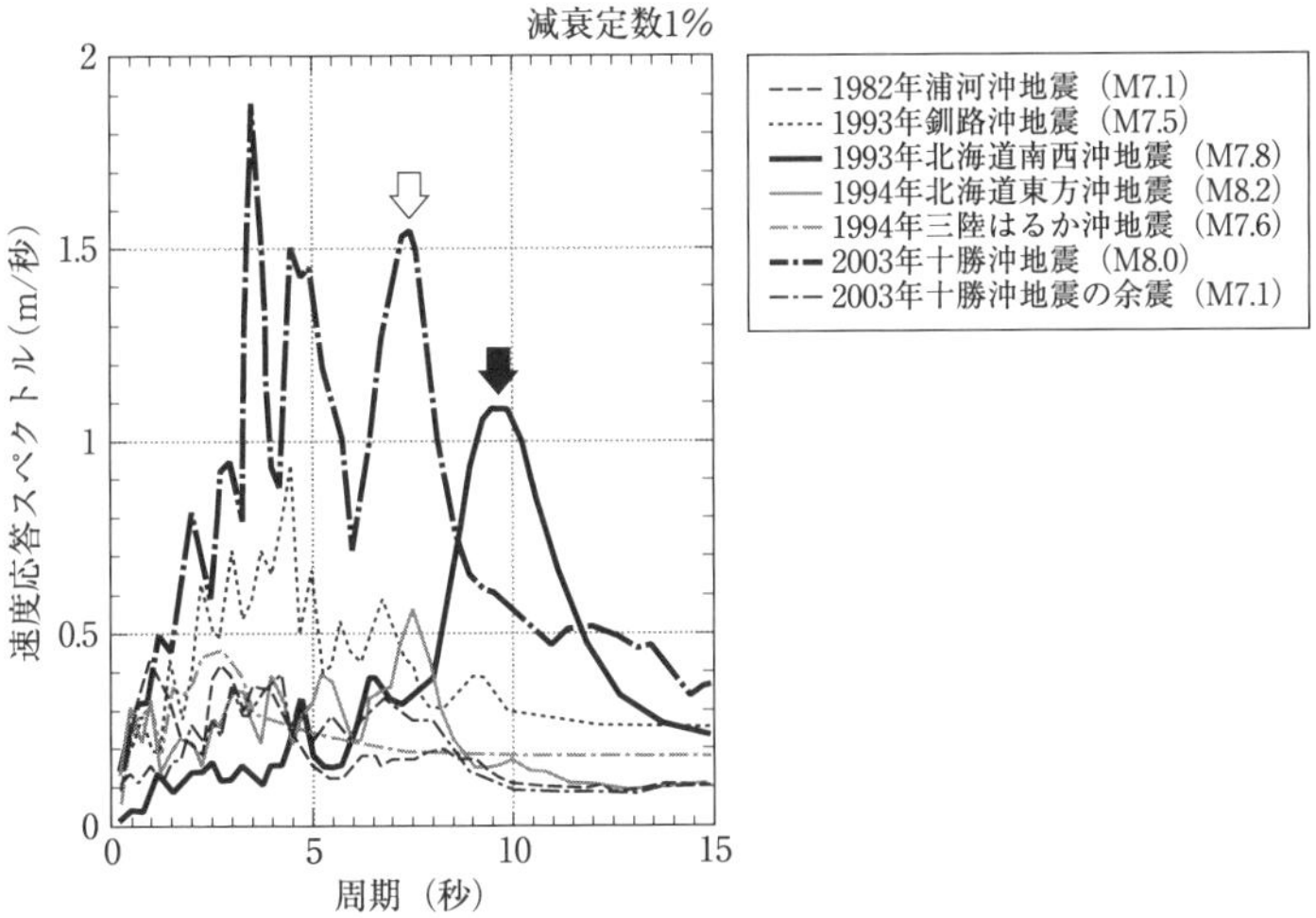

図5-1　苫小牧港で観測されたＭ7〜Ｍ8の地震の地震動の速度応答スペクトルの比較［畑山ほか，2004に加筆］　2003年十勝沖地震（Ｍ8.0）を含む多くの地震の地震動の最も長い卓越周期（白抜き矢印）は7〜8秒にあるが，1993年北海道南西沖地震（Ｍ7.8）の地震動の卓越周期（黒矢印）は9〜10秒にある．

の地震波の増幅特性の局所性をできる限り反映した方法を用いる必要がある。

中低層建物と固有周期

強震動予測で考慮すべき周期範囲を考える上で目安となる、各種の構造物の水平方向の揺れの一次固有周期がどのような範囲にあるのかを整理したものが図5-2である。

これによれば、木造の構造物の一次固有周期は、階数や老朽化の程度によって変わってくるが、ほぼ周期〇・一秒から〇・五秒までの範囲に分布している。学校の校舎のような三階あるいは四階建ての一般的なＲＣ造（鉄筋コンクリート造）の建物の固有周期は、〇・二秒から〇・四秒である。

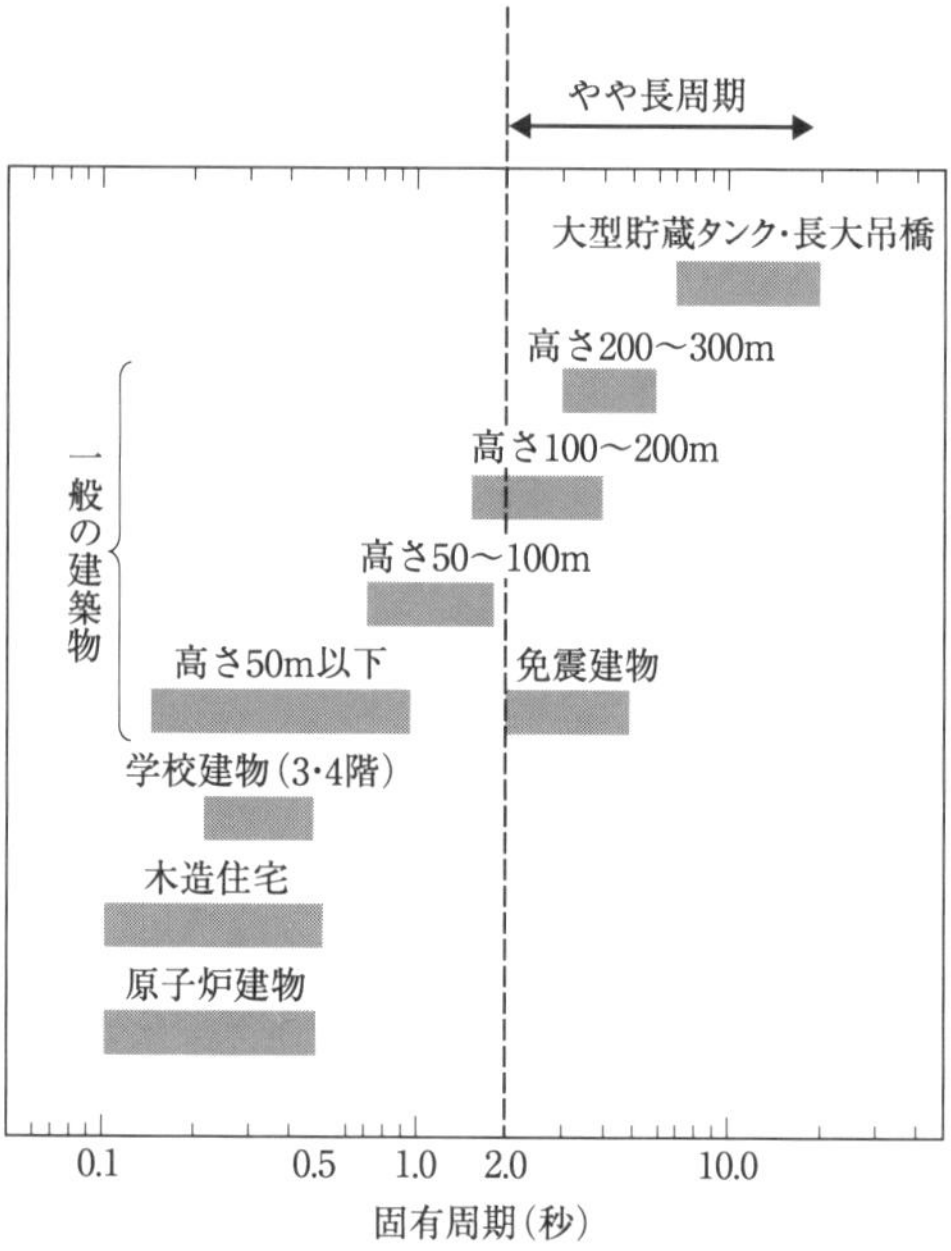

図 5-2　各種構造物の一次固有周期［大堀，1999 に加筆］

大型建物と固有周期

日本における初期の超高層ビルの代表作として有名な霞ヶ関ビル（一九六八年竣工、三六階建て、高さ一四七ｍ）の一次固有周期は、三秒程度である。新宿副都心に立ち並ぶ約五〇階建て、高さ二〇〇ｍ級の超高層ビルでは約四秒、現在日本で最も高い超高層ビルである横浜のランドマークタワー（一九九三年竣工、七〇階建て、高さ二九六ｍ）では約六秒にもなる。このように、一般的には構造物の一次固有周期（秒）は、構造物の高さに比例して長くなり、そのおおよその値は建物高さ（ｍ）に〇・〇一五から〇・〇二を乗ずることによって見積ることができる。

社会的に重要なエネルギー関連施設として、石油やLNGなどの大型貯蔵タンクがある。タンクの内容液のスロッシング周期は、タンクの直径と内容液の高さで決まる。これらの施設の中には、タンク直径が五〇mを超え、スロッシング周期が一〇秒を超える巨大なものがある。

一方、同じく重要なエネルギー関連施設である原子炉構造物は、幅、高さがともに六〇mから八〇mにも及ぶような巨大な構造物であるにもかかわらず、放射線や放射性物質の遮へいおよび耐震対策のために、壁厚一mを超える非常に剛性の高い構造となっており、その固有周期は〇・一秒から〇・五秒の範囲にある。また、原子炉構造物の内部に設置される機器配管系の固有周期は、短いもので〇・〇三秒から〇・〇五秒のものもある。

超高層ビルとやや長周期地震動の問題

同じ大型構造物でも、超高層ビルのように剛性が低く固有周期が長い構造を「柔構造」、原子炉構造物のように剛性が高く固有周期の短い構造を「剛構造」という。地震に対して柔構造と剛構造のどちらが安全かという激しい論争、いわゆる「柔剛論争」が、これらの構造物ができるずっと以前、一九二三年関東地震の後、数年間ほど続いた。当時は、強震記録がなく学問が未成熟な状態での議論であったため、明確な結論に達しないまま、剛構造理論に基づいた設計体系が確立されていった。

一九六〇年代に入ると、強震記録、構造物の振動理論と耐震設計がコンピュータによる計算を介して結びつき始め、柔構造である超高層ビルの建設が可能となった。しかし、現在の強震記録の質・量ならびに強震動地震学の知見に照らせば、そのときに用いられた強震記録は、周期帯域の問題、継続時間の問題など、固有周期が数秒の構造物の検討を行うのに十分であったとは言い難い。

この問題は、M八クラスの海溝型巨大地震である東海・東南海・南海地震の発生の切迫性を背景として、同じ海溝型巨大地震である二〇〇三年十勝沖地震の際に、厚い堆積層上に位置する苫小牧で観測されたやや長周期地震動の増幅と石油タンクの被害を契機に再びクローズアップされた。土木学会、日本建築学会が合同で「巨大地震災害への対応検討特別委員会」を立ち上げて検討する状況となった。委員会では、地震時の安全性だけでなく、超高層ビルにおけるエレベーターの停止と閉じ込め問題から、避難上の問題、機能確保に重要な設備の問題にいたるまでの多岐にわたる検討課題に目が向けられた。

免震・制震構造物と固有周期

一九九五年兵庫県南部地震以降、構造物の揺れを抑制できる装置を組み込んだ新しい構造物である「免震構造物」と「制震構造物」が急速に普及している。これらの構造物の固有周期はどの程度であろうか。

「免震構造物」とは、地盤と構造物との間に特殊な装置（免震装置）を組み込むことで、地面の揺れが構造物に直接伝わることを免れようとする構造物である。免震装置は、構造物の全重量を支持しつつ、地震時に地盤から構造物をできるだけ絶縁させる部材（アイソレーター）と、揺れのエネルギーを吸収する部材（ダンパー）から構成されている。

地震のことだけを考えるのであれば、飛んでいる飛行機の中では地震をまったく感じないように、地震時に構造物を電磁的浮力や空気圧などによって宙に浮かせて、構造物と地盤とを完全絶縁状態とするのが理想である。これは、固有周期無限大のアイソレーターを取り付けることに相当する。しかし、信頼性・経済性などを考慮すると、このような理想のアイソレーターを作成することは、現状の技術では困難である。

実際、免震構造のアイデアは一九〇〇年前後にはすでにあったが、アイデアが今日のように実現・普及したのは、積層ゴムという特殊なアイソレーター部材が開発されたことが大きい。この積層ゴムは、薄いゴムシートと鋼板を交互に積層し接着したもので、構造物の全重量を支えるため、鉛直方向には十分な強度と剛性を有すると同時に、水平方向には十分柔らかな特性を有し、固有周期の長周期化を図ることができる。これによって、構造物に作用する地震力を軽減して、完全絶縁に近い状態をつくり出せる。

固有周期が一秒以下の中低層の構造物は、この積層ゴムを構造物に取り付けることによって、固有周期を超高層ビル並みの数秒程度まで長周期化できる。初期の免震構造物の固有周期は、二ないし三秒程度であったが、免震装置の技術開発の進展とともにより長周期化が可能となり、最近では四ないし五秒に達するものも出てきている。

アイソレーターのみが取り付けられた状態では、水平方向には非常に柔らかいため、地震を受けた後も揺れがなかなか止まらない場合がある。また、免震構造物の固有周期と強震動の卓越周期が一致した場合には、構造物は共振して、揺れの許容範囲を超えて大きく揺れ、構造物が側壁に衝突することもある。このような問題を回避するために、免震構造物では、アイソレーターに加えて、揺れのエネルギーを吸収する減衰装置であるダンパーが取り付けられている。免震構造物のアイソレーターやダンパーの設計には、的確な「やや長周期地震動」の予測が必要となる。

一方、構造物にダンパーのみを付加し、揺れを少なくする工夫を施したものが、「制震構造物」である。制震構造物では、免震構造物のように構造物の固有周期の長周期化は行われておらず、揺れの抑制効果も免震構造物ほどではない。しかし、これまでにさまざまなダンパーが開発され、構造物の特性や用途に応じて使い分けられるようになってきた。また、ダンパーは既存建物の耐震補強にも大いに役立っている。

こうしてみてくると、現時点では、強震動予測の対象となる周期範囲全体の下限と上限の大まかな目安は、周期〇・〇五秒（周波数二〇ヘルツ）から二〇秒（同〇・〇五ヘルツ）といえる。また、強震動予測で考慮すべき周期帯域は、対象とする構造物に応じて変わるものであり、新しいタイプの構造物や経験したことのない震災を踏まえて、時とともに変化していくものである。

揺れの指標

第4章で述べたように、強震観測から私たちが手にできるのは、時々刻々変化する地面の動きである「時刻歴波形」である。この時刻歴波形から、どの時刻にどのような周期成分の揺れが大きかったかを調べることができる。

時刻歴波形には、それぞれ加速度、速度、変位の時間変化を表した加速度波形、速度波形、変位波形がある。加速度波形を積分すれば速度波形となり、速度波形を積分すれば変位波形となる。逆に、変位波形を微分すれば速度波形となり、速度波形を微分すれば加速度波形となる（図4-1参照）。

地震による地面の複雑な動き（地震動）を表した波形の特徴を、波形の「最大振幅値」、「経時特性」、「周期特性」の三要素によって表すことが一般的に行われている（図5-3）。

「波形の最大振幅値」は、加速度波形、速度波形、変位波形の場合、それぞれ最大加速度、最大速度、最大変位となる。「経時特性」とは、波形の時間変化であり、揺れ始めた時刻、最も揺れた時刻、揺れが収まった時刻、揺れ続けた時間（継続時間）などである。

また、「周期特性」は、第4章で説明したように、波形に含まれる周期成分ごとの振幅の大きさを示したスペクトルによって表される。このスペクトルを使えば、波形にどのような周期成分の波が多く含まれているかが、ただちに理解できる。スペクトルには多くの種類があるが、よく用いられるものに、フーリエスペクトルやパワースペクトル、応答スペクトルなどがある。とくに耐震工学の分野では、単純化した構造物の応答をスペクトルとして表した「応答スペクトル」を用いることが多い（コラム参照）。

コラム●応答スペクトル

地震工学の分野では、応答スペクトルを用いて周期ごとの地震応答の特性を評価することが多い。応答スペクトルは、図Aに示すように、いろいろな固有周期（固有周波数）の一自由度振動系（バネ―マス振動系）の群に同じ地震波形を入力し、それぞれの応答振幅の最大値を系の固有周期ごとに並べたものである。振動系の減衰が小さければ固有周期付近のみで大きな応答を示し、減衰が大きければ固有周期付近の応答が鈍る代わりに、広い周期帯の影響を受けるようになる。応答スペクトルを計算する際の減衰（振動系の減衰）は、対象とする構造物に合わせて決めるべきであるが、地震波形の標準的な特性をみることを目的とした場合には、五%の減衰（$h=0.05$）が用いられることが多い。

応答スペクトルには、最大応答値を変位・速度・加速度で表したもの、またそれぞれの応答を相対応答と絶対応答で表したもの、など合計六種類が定義される。相対応答と絶対応答については、第4章の図4-4に示した地動とおもりの動きの関係が参照できる。これら六種類の応答スペクトルのうち、実際によく用いられているのは、絶対加速度応答スペクトル、相対速度応答スペクトル、相対変位応答スペクトルである。単に加速度・速度・変位応答スペクトルとしている場合は、上記三種を示していると考えてよい。

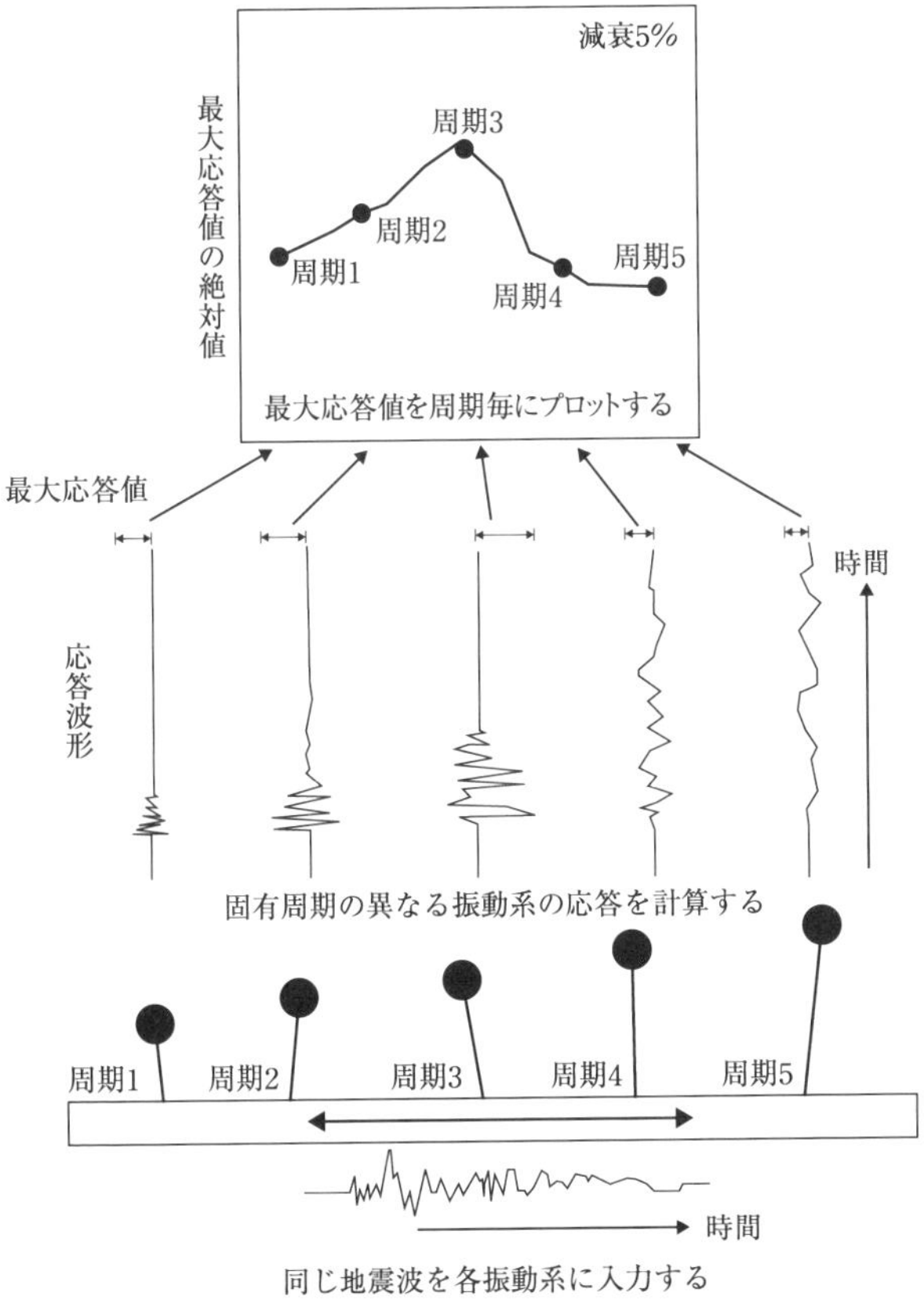

図A　応答スペクトルの概念

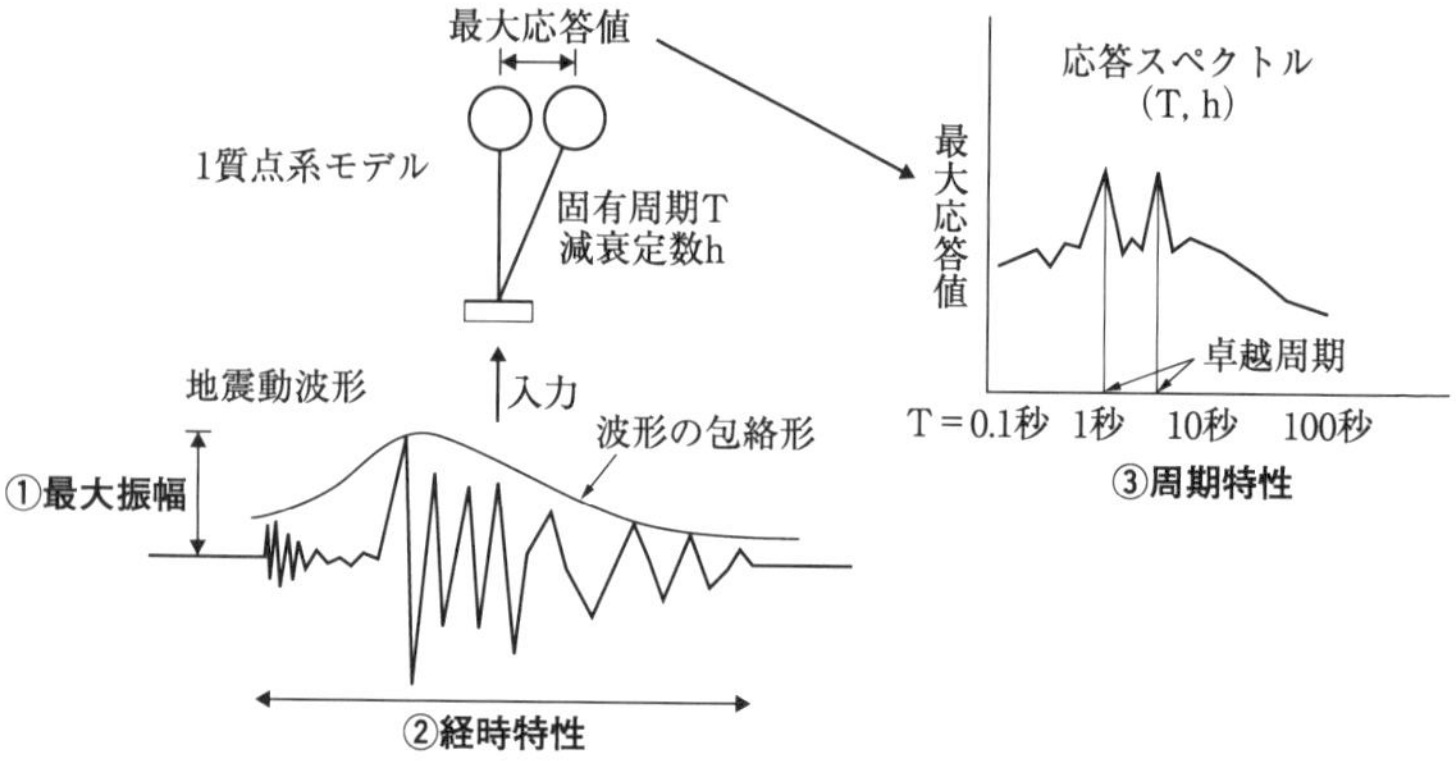

図 5-3 地震動波形の特性を表現するための 3 要素である①最大振幅値，②経時特性と③周期特性 周期特性を表すためによく用いられる応答スペクトルは，固有周期 T 秒，減衰定数 h を有する 1 質点系モデルに地震動波形を入力したときに得られる最大応答値を，1 質点系モデルの固有周期を変えてプロットしたものである．

強震動波形を特徴づけるこれらの三要素（最大振幅値、経時特性、周期特性）の中でも、被害予測や耐震設計などの目的に最も多く用いられてきたものは、波形の最大振幅値と応答スペクトルである。

中でも最大加速度は、構造物の質量を乗ずると構造物に作用する慣性力になることから、一九二三年関東地震以後始まった構造物の耐震設計において、頻繁に用いられてきた。加速度は短い周期成分を強調したことになるので、最大加速度は強震動の短周期帯域の特徴を表すことになる。

一方では、構造物の破壊などの被害を考えると、力よりもエネルギー量との関係が密接であるので、加速度よりも速度を指標とした方がよいという考え方もある。また、速度は加速度に比べて地震動のより長い周期帯域の特徴をよく表現しているので、固有周期が数秒の超高層ビルや免震構造物の地震時安全性の検討において、地震動時刻歴波形の振幅値を調整する場合は、最大加速度ではなく最大速度が規準化指標として用いられている。

このほか、一般的な被害との相関という観点では、震度階や計測震度（第4章参照）が、最大加速度や最大速度よりも優れているという報告もある。さらに、自治体の震災対策は、より一般に理解されている震度階や計測震度を指標として策定されている。

構造物の耐震設計では、設計用地震動の応答スペクトル（設計用スペクトル）が用いられることが多い。この設計用スペクトルは、さまざまな地震の多数の強震記録や強震動予測波形の応答スペクトルを重ね書き、周期ごとにその最も大きな値（あるいはその値を超える値）を選んで結ぶ処理（包絡処理）を施して作成される場合だけでなく、具体的な特定の地震（たとえばM七クラスの地殻内地震）を対象としてつくられる場合がある。前者の場合には、設計用スペクトルに対応する、特定の時刻歴波形を作成することは難しいが、後者の場合には、対応する時刻歴波形を作成することは容易である。

以上のように、強震動予測の結果を使う立場によって、必要とされる揺れの情報が異なる。しかし、より簡便な指標である最大加速度や最大速度、計測震度、応答スペクトルは、すべて時刻歴波形から計算できるので、強震動予測では、対象地点の時刻歴波形を予測することが最も望ましいということになる。

強震動のシミュレーション手法

現在、よく使われている強震動のシミュレーション手法は、理論的方法、半経験的方法、経験的方法、および広帯域ハイブリッド法に大別できる。以下では、少し専門的になってしまうが、それぞれの手法について簡単に説明する。

［理論的方法］

「理論的方法」は、前章までに述べたような断層運動や地震波が伝播する地下構造に関する物理モデルを作成し、地震波発生および伝播の理論に基づいて、決定論的に地震動の時刻歴波形を計算するもので、やや長周期帯域の強震動のシミュレーションによく用いられる。この方法は、さらに、単純な地下構造を対象とした解析的方法と、複雑な地下構造を対象とした数値的方法とに分けられる。前者の例として、水平成層構造に対してよく用いられる波数積分法がある。後者の例として、沈み込むプレート構造や堆積盆地構造などのモデル化によく用いられる差分法や有限要素法などがある。

図5-4は、現在よく用いられている三次元差分法による地盤のモデル化の事例である。この地盤モデルでは、地球から切り出された、断層面と計算地点を含む地震波の伝わる広大な直方体の地盤が、群列した格子点の集まりでモデル化される。この地盤の大きさは、平面的には数百キロメートル四方、深さが数十キロメートルにも達する一方、格子点の間隔は数百メートルと非常に小さい。

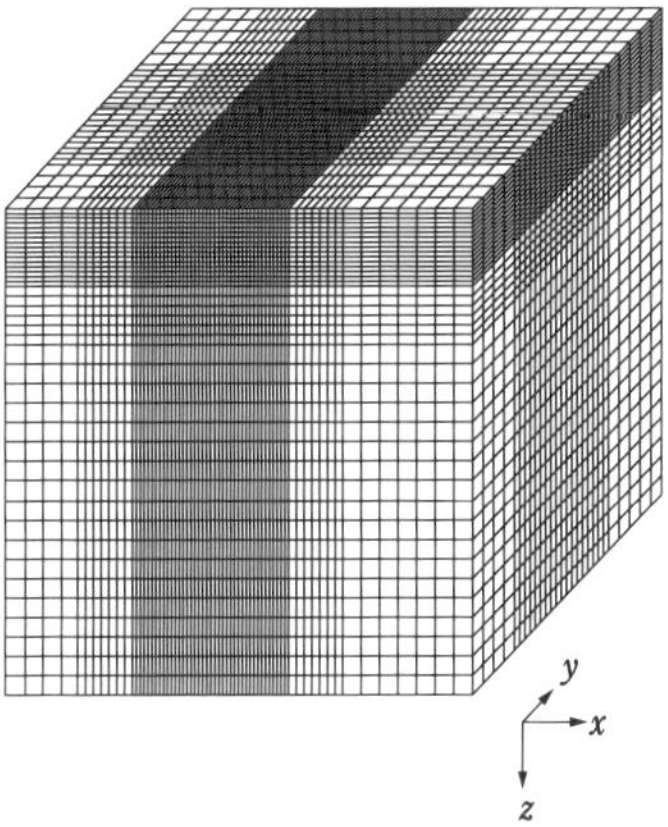

図5-4　三次元差分法による地盤のモデル化の模式図［Pitarka, 1999］ 地盤の硬さが周囲と比べて軟らかい部分や，地層が急変する境界部分を精度よく表現するために，格子点の間隔を周囲と比べて小さくできるように工夫している．

理論的方法では、ほかの方法に比べて、震源断層や地下構造のモデルの精度が計算結果を大きく左右するので、これらのモデル化の妥当性の確認がポイントとなる。また、多大な計算労力を必要とし、一般的な計算機で計算に数日から一週間かかることも珍しくない。

［半経験的方法］

「半経験的方法」は、理論の一部を小さな地震の実際の記録で補うもので、確率論的な現象（ランダムな現象）が卓越する短周期帯域を含む強震動のシミュレーションによく用いられている。この方法は、小地震の地震動波形を多数重ね合せることから、「半経験的波形合成法」と呼ばれることもある。この方法は二つの方法に分けられる。一つは「経験的グリーン関数法」と呼ばれるものであり、もう一つは「統計的グリーン関数法」と呼ばれるものである。

前者は、強震動予測地点で、想定した大地震と同一の震源域で起こった小地震による強震記録（観測波形）が得られている場合、想定地震の断層破壊過程を考慮して、小地震の観測波形をグリーン関数（後述）とみなして、多数重ね合わせて想定地震の地震動の時刻歴波形を求める方法である（図5-5）。

この方法は、以下の二つの前提条件に基づいている。一つは、大地震の断層面における断層運動が、経験的な法則にしたがって小地震の断層運動を多数重ね合わせることにより表現できるというものである。もう一つは、断層面上のある一点から放出された地震波の伝播性状（地球の応答性状）は、大地震でも小地震でも観測点位置が変わらなければ同じであるということである。すなわち、地震波が伝播する地下構造の影響が、大地震でも小地震でも変わらないということである。

なぜ、この方法を「経験的グリーン関数法」と呼ぶのだろうか。物理の分野において、グリーン関数とは、震源に単位の力が作用したときの観測点での応答であり、地下構造の影響がすべて含まれている。グリーン関数が事前に求められていれば、震源に作用する力さえわかれば、グリーン関数を重ね合わせて観測点での応答が計算できる。そこで、小地震の断層運動、すなわち、小地震の震源に作用する力を単位の力と考えると、小地震による観測点での地震動波形は経験的に得られたグリーン関数ということになる。

この方法は、大地震に比べ小地震の発生頻度が一般的には高いために、強震動を予測したい地点あるいはその近傍で小地震の記録なら事前に得られる可能性がずっと高いこと、小地震の記録にはすでに伝播特性および地盤増幅特性が自然に含まれているので、それらの特性が小地震時と大地震時で同じであれば、地下構造を調査してモデル化することなく大地震による強震動を評価できることが利点

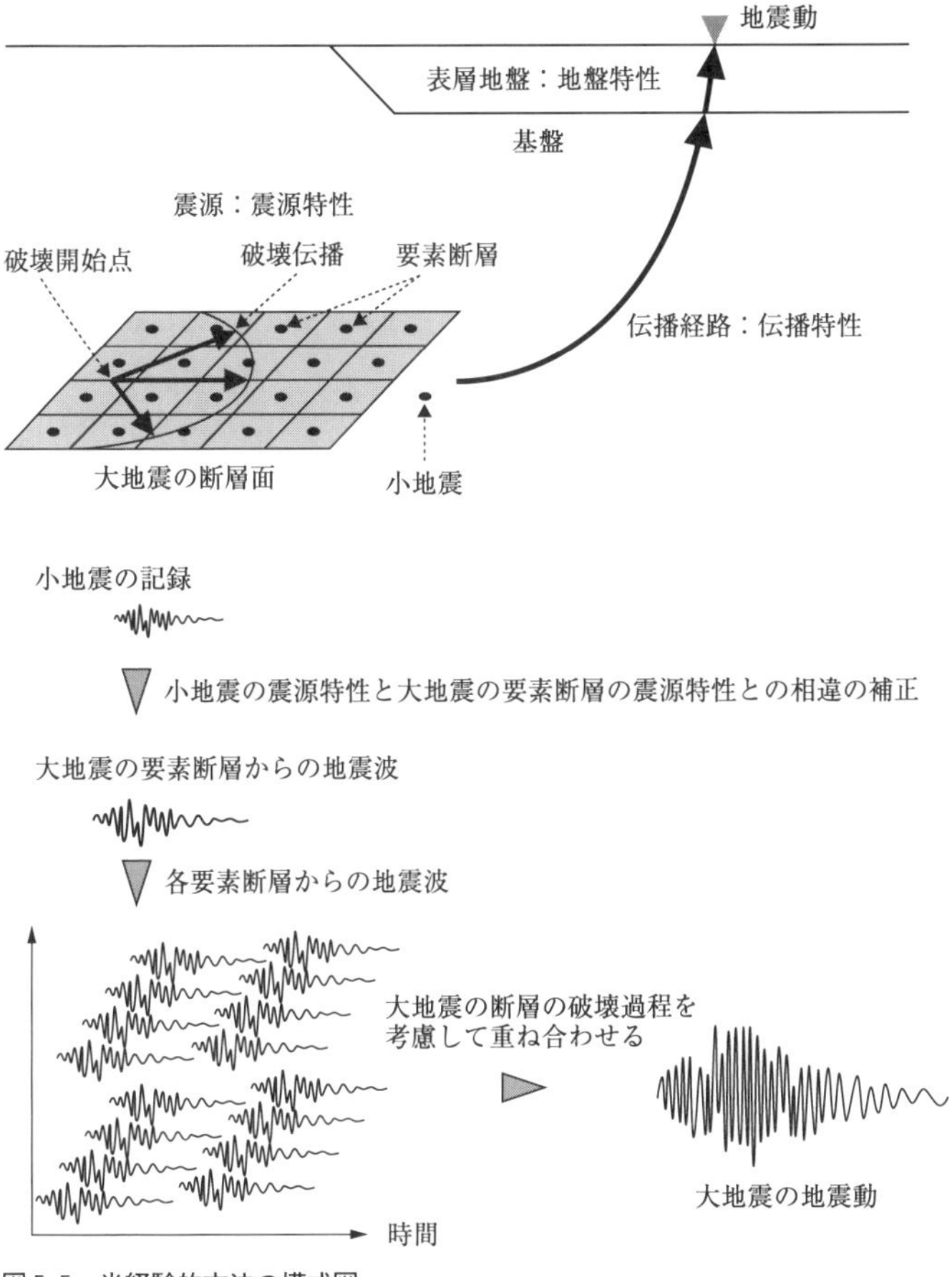

図 5-5　半経験的方法の模式図

である。しかし、適切な小地震記録がないと適用できない。また、適切な小地震記録があっても、小地震の震源のパラメータ（位置、震源メカニズム、地震モーメントなど）を適切に評価できるかどうかが、大地震の予測精度を大きく左右する。

実際に、適切な小地震記録は容易に得られるのであろうか？　二〇〇三年十勝沖地震では、本震の震源断層周辺で、本震の震源メカニズムと同様なメカニズムの余震がいくつか起こった。これらの余震による観測地震動波形を経験的グリーン関数として用いると、本震の強震動波形がかなりよく再現できることが報告されている。これはこの手法が成功した例ではあるが、地震の発生した後に再現したものである。

一方、切迫性が高いと指摘されている東海地震や東南海地震の震源域で適切な小地震を探そうと思っても、なかなかみつからない。想定地震の固着域では、想定地震と同じ震源メカニズムの小地震はほとんど起きていない。固着域周辺で起こる小地震のほとんどは、震源メカニズムが異なる地震である。これらの事実を踏まえると、経験的グリーン関数法は、想定地震が起こった場合の強震動再現には非常に有効であるが、想定地震が起こっていないところでは、適切な小地震記録を得ることが難しい場合があることも認識する必要がある。

また、前述した前提条件の二番目に関係することであるが、小地震時にはみられない地盤の非線形挙動が大地震時には予想される地点では、経験的グリーン関数法は直接的には適用できない。

もう一つの手法である統計的グリーン関数法は、適切な小地震記録がない場合に、その代わりにほかの地点で得られた多数の強震記録を統計処理して作成した模擬地震波を、統計的に評価されたグリーン関数として用いる方法である。模擬地震波は、後述する経験的方法で評価された地震動の振幅スペクトルと経時特性に適合するように作成されることが多い。

［経験的方法］

「経験的方法」は、多数の強震記録の統計解析に基づいて、数少ないパラメータで簡便に強震動を評価するものである。短周期帯域の強震動の予測に用いられることが多い。この方法の典型的な例に、前述した揺れの指標である最大加速度や最大速度、応答スペクトルの距離減衰に関する統計式（距離減衰式と呼ぶ）や、地震動の時刻歴波形の経時特性（包絡形状や継続時間）に関する統計式がある。

距離減衰式は、観測記録のデータベースに基づいて、地震のマグニチュードや震源からの距離などの数少ない簡単な情報だけで強震動の強さを予測する式である。一般に、簡単な数式が使われることが多く、ただちに計算できるので、非常に便利である。この距離減衰式から標準的な地盤での強震動の強さを計算し、これに各地点での地盤の揺れやすさ係数などを加味して、各地点での強震動の強さを容易に計算できる。

図5-6に、最大加速度の経験的な距離減衰式による強震動の予測例を示す。この式は一九九五年兵庫県南部地震の数年前に提案されたものである。同地震の観測値は予測値とよい対応を示し、断層の近くでおおむね誤差（±標準偏差）の範囲に入っている。

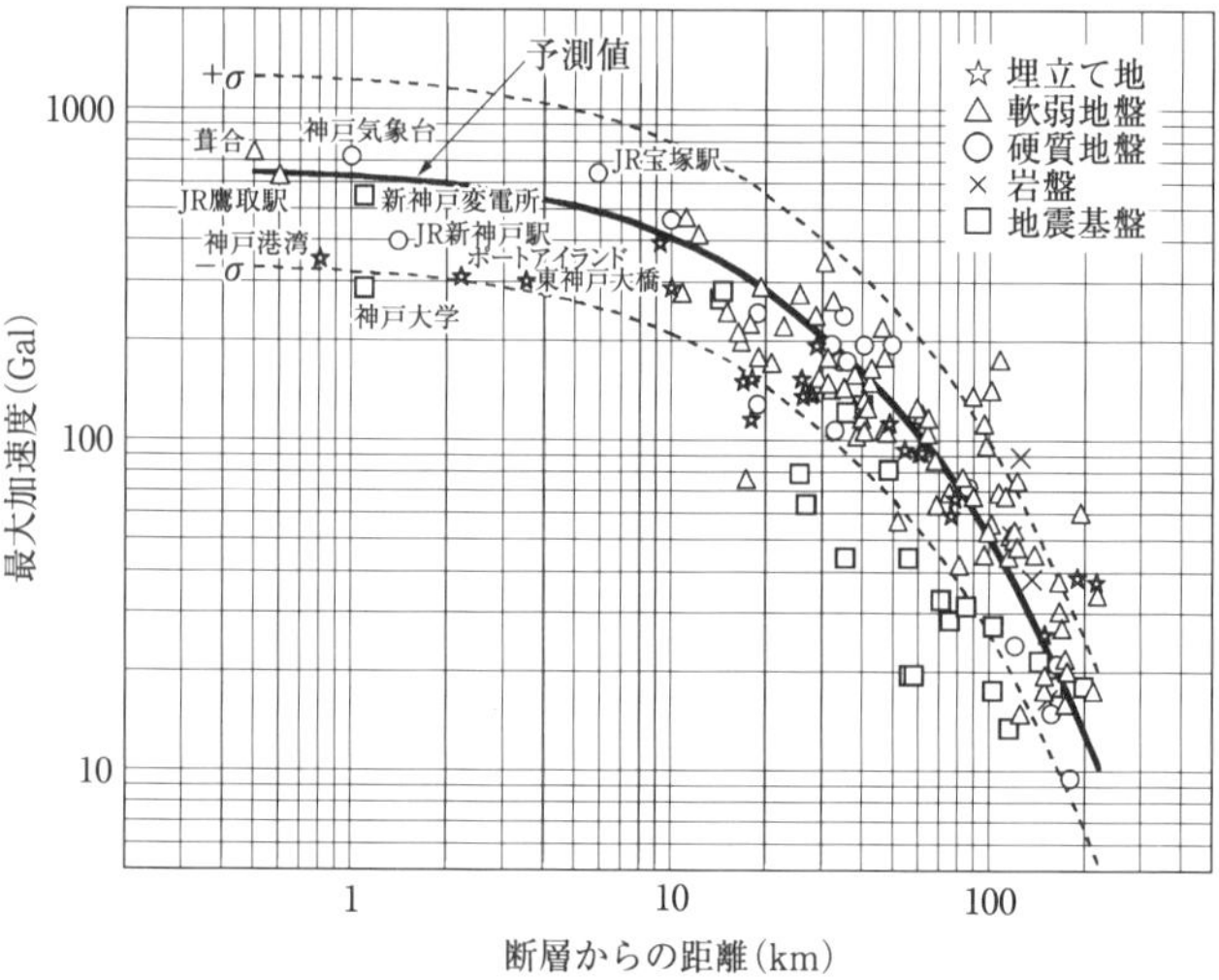

図 5-6　最大加速度の経験的距離減衰式による 1995 年兵庫県南部地震の強震動予測［Fukushima *et al*., 2000］

［広帯域ハイブリッド法］

強震動予測で対象となる周期範囲が年々広がってきていることは、すでに述べたとおりである。そうであれば、広い周期帯域の強震動を予測できる方法があれば、都合がいいと考えるのは当然であろう。しかし、これまでに説明してきた強震動シミュレーション手法は、各々一長一短があり、広い周期帯域の強震動を単一の方法で評価することは困難である。

そこで最近、ある特定の周期を境として長周期帯域と短周期帯域に分け、それぞれの帯域に適した二つの異なる手法で強震動の予測波形を計算した後、その両者を相補的に足し合わせて広帯域強震動を求める「広帯域ハイブリッド法」が提案されている。

広帯域ハイブリッド法では、さまざまな理

論的方法とさまざまな半経験的方法の組み合わせが可能である。たとえば、差分法と統計的グリーン関数法の組み合わせや、有限要素法と経験的グリーン関数法の組み合わせなどがある。

こうした広帯域ハイブリッド法の考え方は、現時点でわれわれが取り扱うことができる手法の不得意な部分をお互いに補っていくところから生まれてきた。不均質な断層破壊過程において断層面上から放射されるさまざまな波長（周期）を有する地震波の干渉効果、ならびに地震波が伝播する地下構造の地震波速度の空間分布に関するさまざまなスケールの不均質性による地震波の干渉効果を考えることで、条件さえ揃えば、実際の複雑な地震記録を解釈することは可能である。そして、震源や地下構造のあらゆるスケールの不均質性の情報が既知で、かつそれらを決定論的にモデル化できれば、理屈上は、広帯域の強震動シミュレーションを理論的方法だけで行うことは可能であり、それが理想であろう。

しかしながら、われわれが現在手にしている断層運動や地下構造の情報には限界があり、非常に細かなことまで知ることは難しい。また、たとえ、断層や地下構造の小さなスケールの不均質性が解明されたとしても、短周期帯域の地震動を理論的方法で決定論的に計算するのは、きわめて効率が悪く適切とはいえない。こうした考え方に基づき、広帯域ハイブリッド法では、決定論的な現象が支配的な長周期帯域に理論的方法を、確率論的な現象が支配的な短周期帯域に半経験的方法を用いている。

広帯域ハイブリッド法の高精度化を達成するには、震源や地下構造のモデル化の精度を高め、理論的方法の適用範囲をより短周期へ広げるか、あるいは、半経験的方法において、決定論的現象がより精度よく表現できるように手法の改良を行い、長周期帯域の精度を高めるか、二つの方向性が考えられる。ただし、地震動という物理現象の本格的な解明もあわせて追究するには、前者の方向に向けて今後の研究を進めていくことが重要と考えられる。

2　一九二三年関東地震の強震動の再現

関東地震による震源域の完全な強震記録はない

一九二三年九月一日に発生した関東地震は、フィリピン海プレートが北米プレートの下に沈み込む相模トラフ沿いに起こったM七・九といわれている海溝型巨大地震である。この地震の震源断層は、長さ一三〇km、幅七〇kmの広い範囲に及んだと考えられている。しかも、断層面のほとんどの部分が、関東平野南部の直下、深さ数キロメートルから三〇kmのところに位置していた。そのため、第1章で述べたように、首都圏は未曾有の被害を受ける結果となり、その被害の様相は、それ以降の日本の土木建築構造物の耐震設計や、各種防災対策の基本的な方向を決定付けるものとなった。

このように、関東地震は、わが国における耐震設計や地震防災対策上、大変重要かつ意義深い地震であるが、それらを考える上で最も基本的な情報である関東地震による震源域の強震動特性は、必ずしも十分に解明されているわけではない。当時は、現在構築されているような多数の高精度の地震計

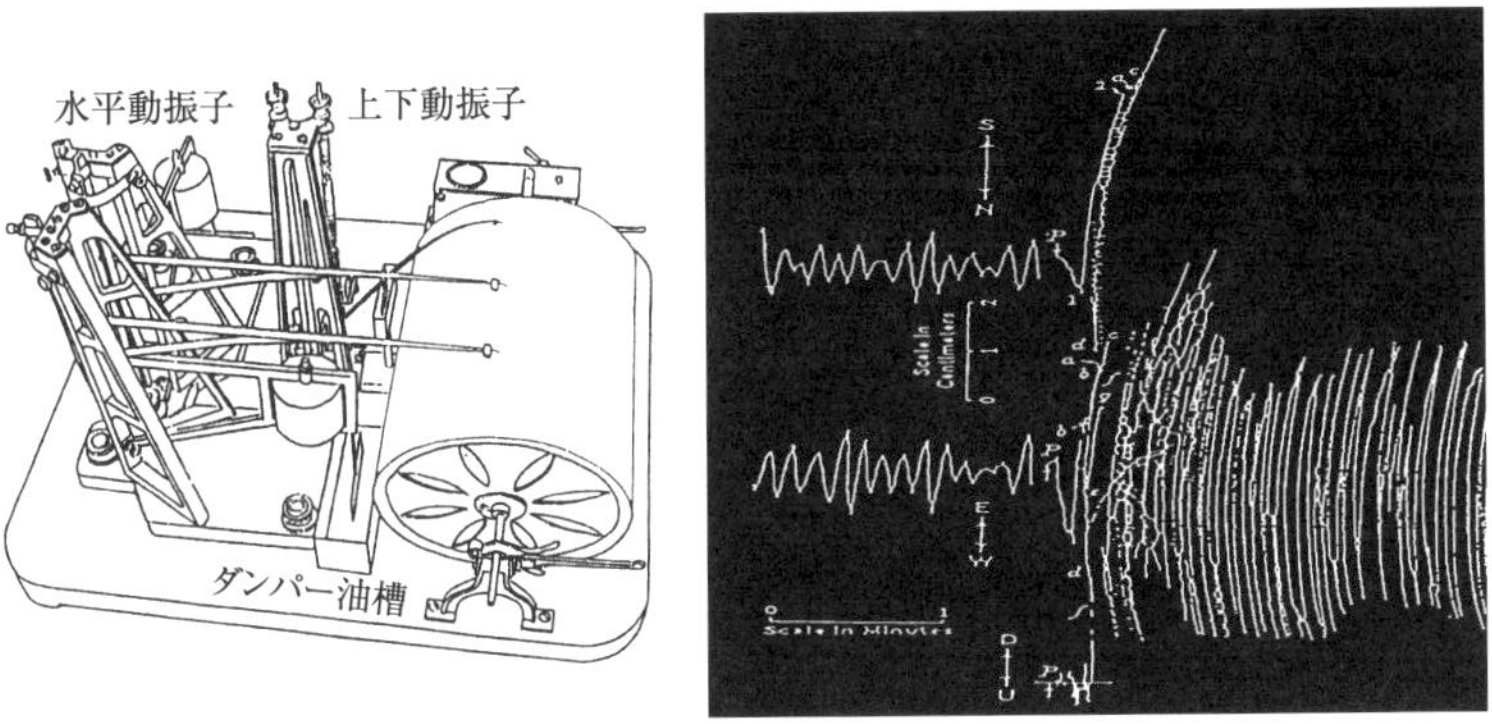

図5-7　東京都文京区本郷で1923年関東地震を記録した今村式強震計の構造図［田中ほか，1988］（左）とその強震記録（右）

による充実した観測体制はもちろんなかったし、震源近傍で得られた数少ない強震記録である東京都文京区本郷の東京大学構内の記録も、揺れが大きすぎたため、計測範囲を逸脱して地震計の針が振り切れてしまったのである（図5-7）。

断層モデルと関東平野の地下構造

近年の地震学のめざましい進歩により、震源で何が起こっているか、地震波が伝わる地下構造がどうなっているかが、詳細に明らかにされつつある。こうした現代の進んだ科学的手法を用いて、過去の古い地震を見直す試みが行われている。

一九二三年の関東地震については、地震前後の地殻変動や、海外の観測点での地震波の記録を最新の方法で解析することにより、複雑な断層破壊過程がかなりわかるようになってきた。それによれば、最終的なずれ量が六〜八mに達するところ（アスペリティ）が、小田原直下の破壊開始

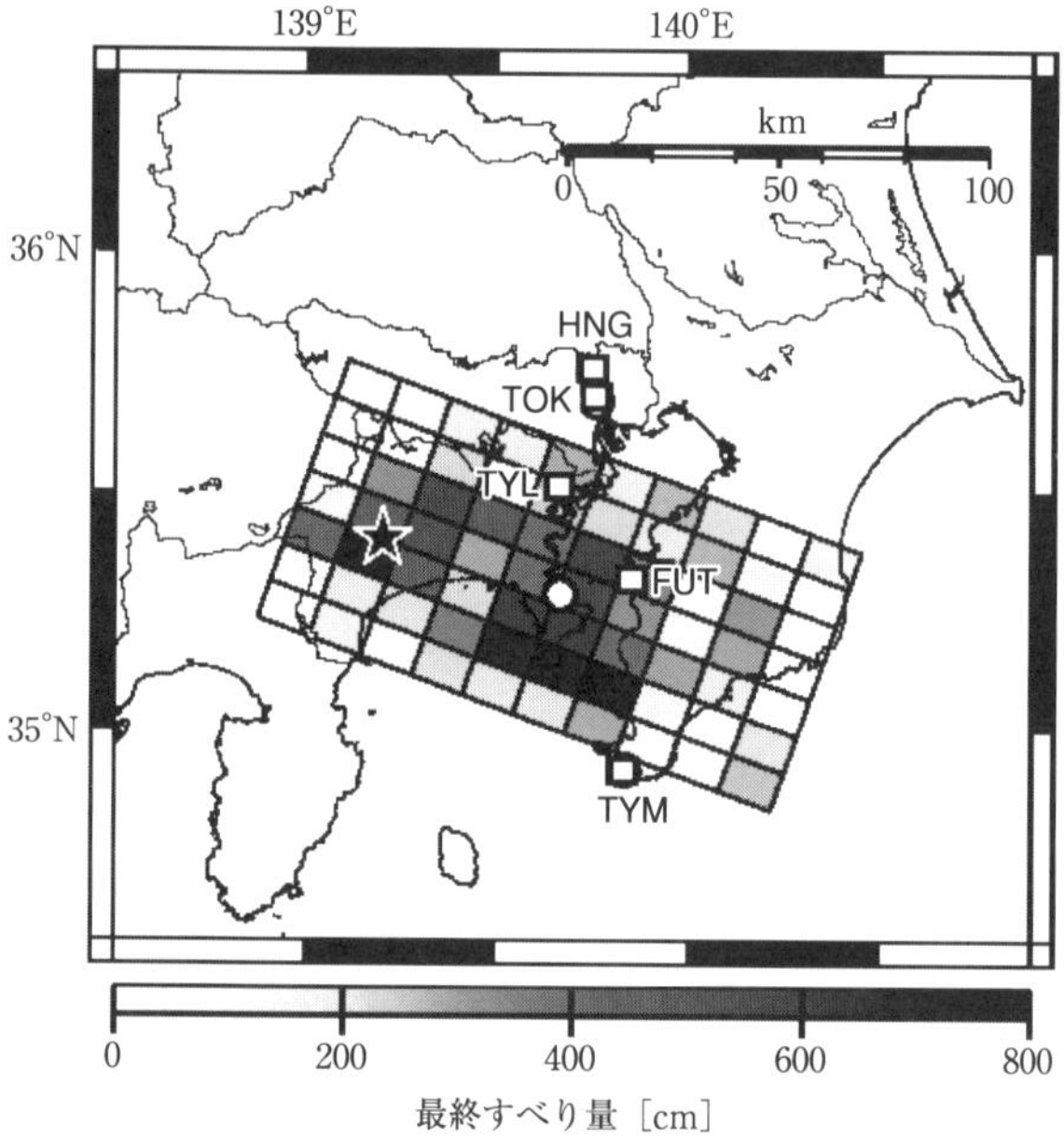

図 5-8　Wald and Somerville（1995）による 1923 年関東地震の断層面の地表面への投影図と断層面上におけるすべり量の分布　断層面の大きさは 130 km×70 km．断層面上端（南東端）深さは 2 km，断層面下端（北東端）深さは約 32 km．星印が破壊開始点．破壊は破壊開始点から同心円状に 3 km/秒の速度で伝播．グレーの濃淡の濃いところは最終すべり量の大きいところを示す．HNG は東京都文京区本郷，FUT は千葉県富津の位置を示す．

点付近および三浦半島の直下にあることがわかってきた（図 5-8）。

また、第3章で述べたように、関東平野は中央部で厚さ約三kmにも達する堆積層が存在する一方、その西部および北部では、山地（丹沢山地、秩父山地、足尾山地、筑波山）が堆積層を取り囲むように存在している。このような一〇〇km四方にも及ぶ堆積盆地の地下構造は、とくにやや長

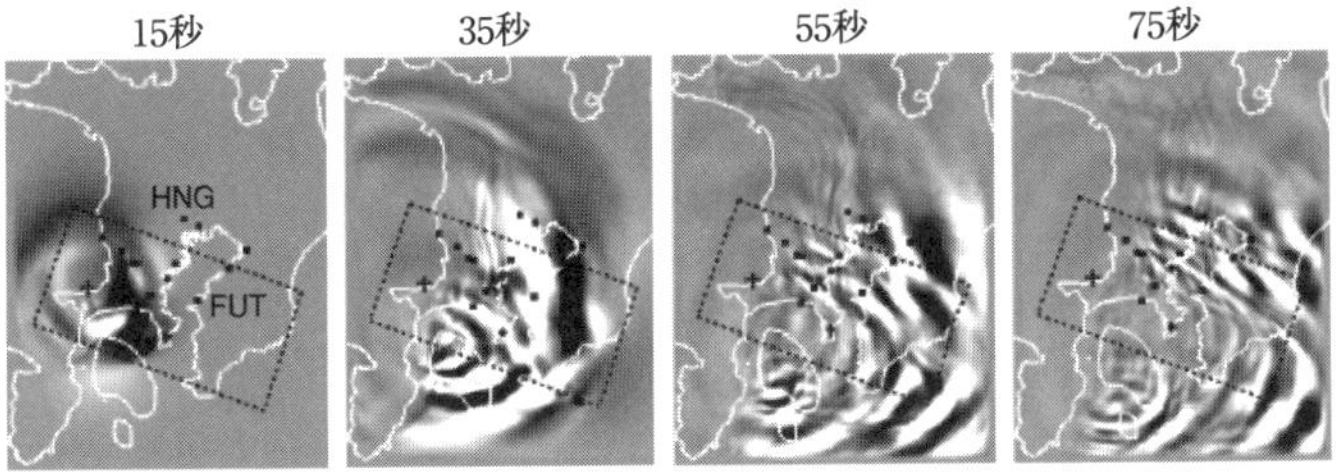

図 5-9　1923年関東地震の波動伝播の様子のシミュレーション［Sato *et al*., 1999］
図の左から順に破壊開始時刻から15秒後，35秒後，55秒後，75秒後の様子．破線で表された矩形は断層面の地表への投影面，十字は破壊開始点，HNGは東京都文京区本郷，FUTは千葉県富津を表す．白い色は北方向に，黒い色は南方向に，濃いほど大きく揺れていることを示す．

周期地震動の特性に大きな影響を与える。近年の関東平野での地下構造調査の結果に基づき、地震波の複雑な伝播の様子を表現できる三次元堆積盆地モデルが作成されるようになってきている。

これらの震源と地盤構造に関する最新の知見を、コンピュータ能力の向上と相まって急速な進歩をみせている強震動シミュレーション手法に組み込むことによって、未解明な部分が多かった一九二三年の関東地震による強震動を、定量的に再現することが可能な状況になりつつある。

やや長周期帯域の強震動波形の再現――理論的方法

前記の断層モデルに加えて、関東平野の三次元地下構造を〇・四㎞間隔の格子点群でモデル化し、周期約四秒以上のやや長周期帯域の強震動を、理論的手法のひとつである差分法で計算した事例を紹介しよう。

図5-9は、関東地震により発生した地震波の伝播の様子を示している。図の十字のマークが破壊開始点であり、破壊伝播

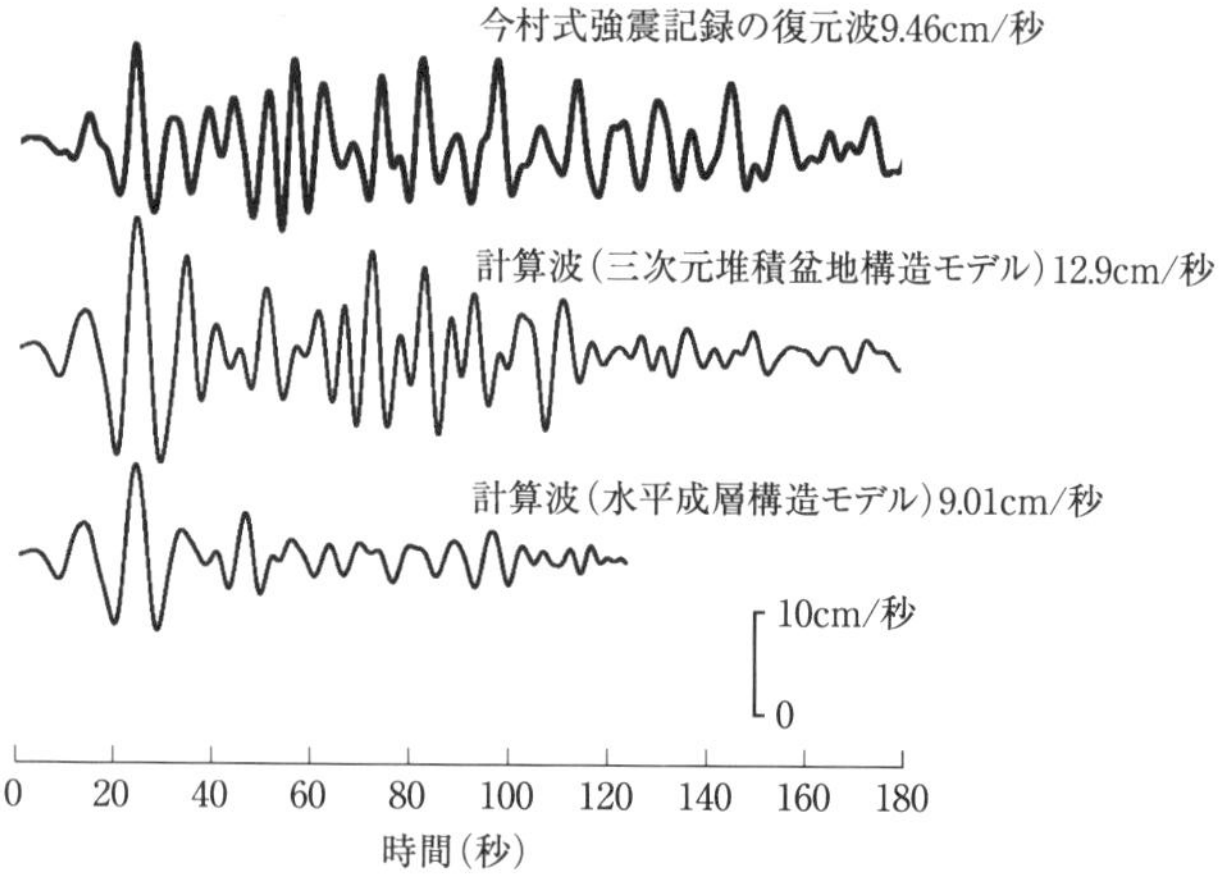

図 5-10　理論的方法による関東地震の東京都文京区本郷の観測波の再現［Sato *et al*., 1999］ 1 段目が今村式強震記録の復元波［横田ほか，1989］．2 段目が関東平野の三次元堆積盆地構造を考慮した差分法による計算波．3 段目が水平成層の地下構造モデルを用いた計算波．いずれも周期 4 秒から 15 秒の帯域の東西方向の速度波．

方向にある小田原から館山に向かって大振幅の波が生成されることがわかる。この波は、神奈川県南部を通り、東京湾を横断し、千葉県の房総半島南部へと発達しながら伝播していく。その結果、地表面での最大速度は千葉県富津で九四㎝／秒に達している。

こうしたシミュレーションでは、実はどのような断層モデルや地下構造モデルを与えても計算することは可能である。重要なことは、実際の観測データと比較をしてみて、計算結果が妥当なものであるかを確かめることである。幸いにも、前述した東京都文京区本郷での振り切れた強震記録を復元する試みが行われており、この復元波形と計算波形を比較することができる。

これらの比較を周期四秒から一五秒の帯域の地表面の速度波形に対して行ったのが、

図5-10である。関東平野の三次元堆積盆地構造を考慮した計算波形（二段目）は、復元波形（一段目）の特徴をよく再現している。同図には、地下構造を単純な水平成層としてモデル化した場合の計算波形（三段目）も合わせて示してあるが、一段目の復元波や二段目の計算波にみられる後続波を再現しておらず、堆積盆地の三次元構造の影響が大きいことがわかる。

なお、この計算には一九九九年当時の計算機で約一〇日間の計算時間を要したが、最近のより高速な計算機では、一日以内で同じ計算ができるようになっている。計算機能力の向上によって、われわれの研究の進め方も非常に加速している。

震度分布の再現——統計的グリーン関数法

一九二三年関東地震の首都圏における震度分布の再現が、半経験的方法によって試みられている。工学的基盤での強震動波形は、周期数秒より短い周期帯域を対象として統計的グリーン関数法によって計算している。震度に大きく影響する、工学的基盤から地表にいたる表層地盤による地震動の増幅倍率の分布は、地形や地質の国土数値情報に基づき、約一㎞メッシュ単位で細密に評価している。工学的基盤で計算された強震動の最大速度にこの表層地盤の地震動の増幅倍率を乗じ、地表での強震動の最大速度を求め、さらに経験的な関係式を用いて最大速度から計測震度への変換を行っている。

図5-11の上は、このようにして計算された関東地震の首都圏における計測震度分布である。この震度分布は、実際の木造住宅家の全潰率分布（図5-11の下）とよい対応を示している。とくに、相

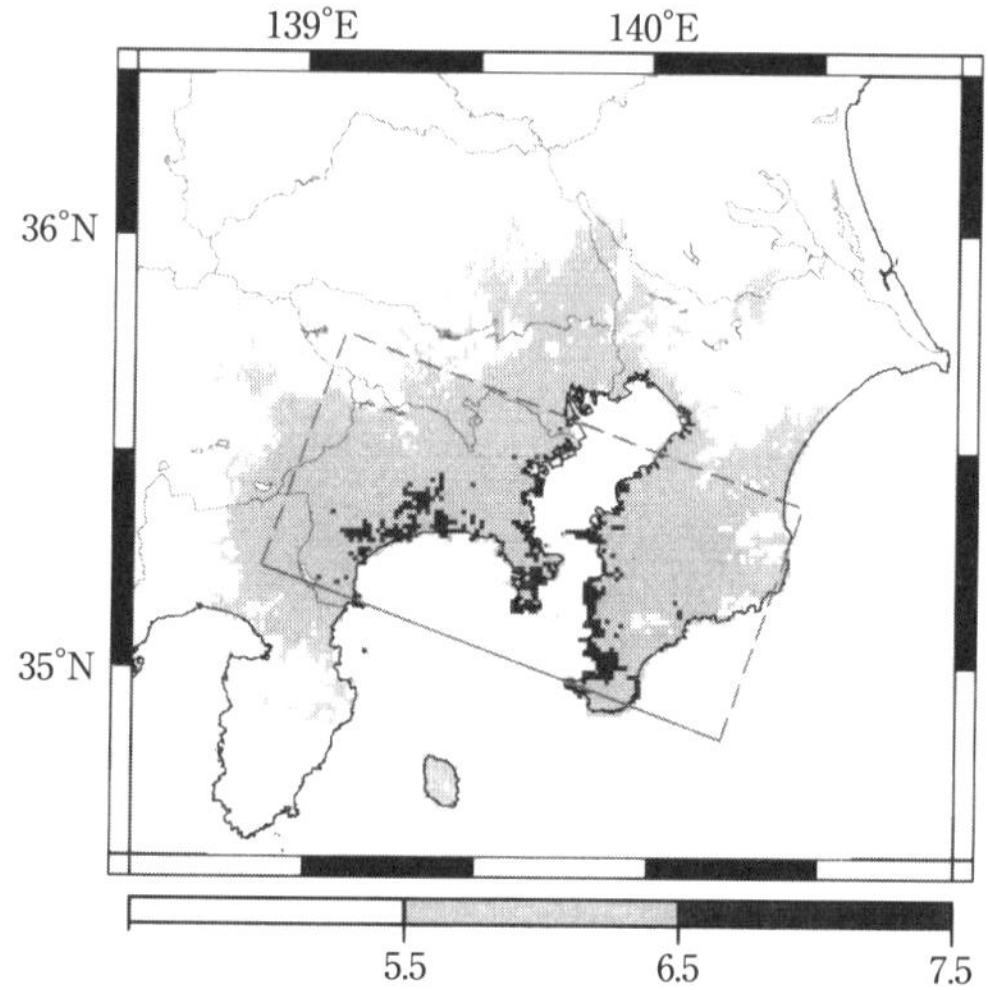

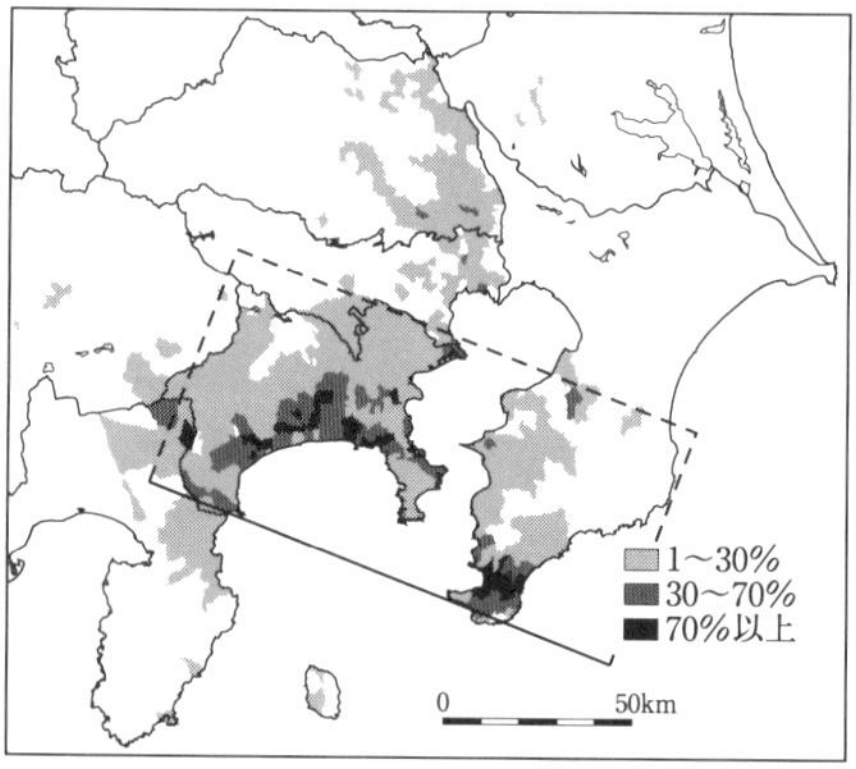

図 5-11　統計的グリーン関数法により求めた地表での計測震度分布（上）［壇ほか，2000］と諸井・武村（2002）に基づいた木造住宅全潰率分布（下）

模湾沿岸から房総半島南部で震度七程度の非常に強い揺れが生じた状況をよく再現している。

以上のように、最新の強震動シミュレーション手法と当時の各種のデータを結び付けることにより、これまで十分に解明されていなかった一九二三年関東地震時の首都圏での強震動がどんなものであったのか、その全貌が明らかになりつつある。その結果は、周期帯域にかかわらず、注目されがちな東京よりも、小田原から鎌倉にかけての地域と房総半島南端地域を非常に強い地震動が襲ったことを示していることに留意しなければならない。

この事例は、われわれが現在手にしている強震動シミュレーション手法が実用域に達していることを示している。今後は、強震動シミュレーションに必要な、断層モデルと地下構造モデルをいかに精度よく構築していくかが問われる時代に入ったといえよう。

3　一九九五年兵庫県南部地震の強震動の再現

震源近傍の強震記録の再現

一九九五年兵庫県南部地震の震源近傍での記録には、震源でのずれ破壊の特徴を示す二つのパルスが認められた(図4-7参照)。ここでは、経験的グリーン関数法によって、この強震動波形の再現に成功した事例を紹介する。

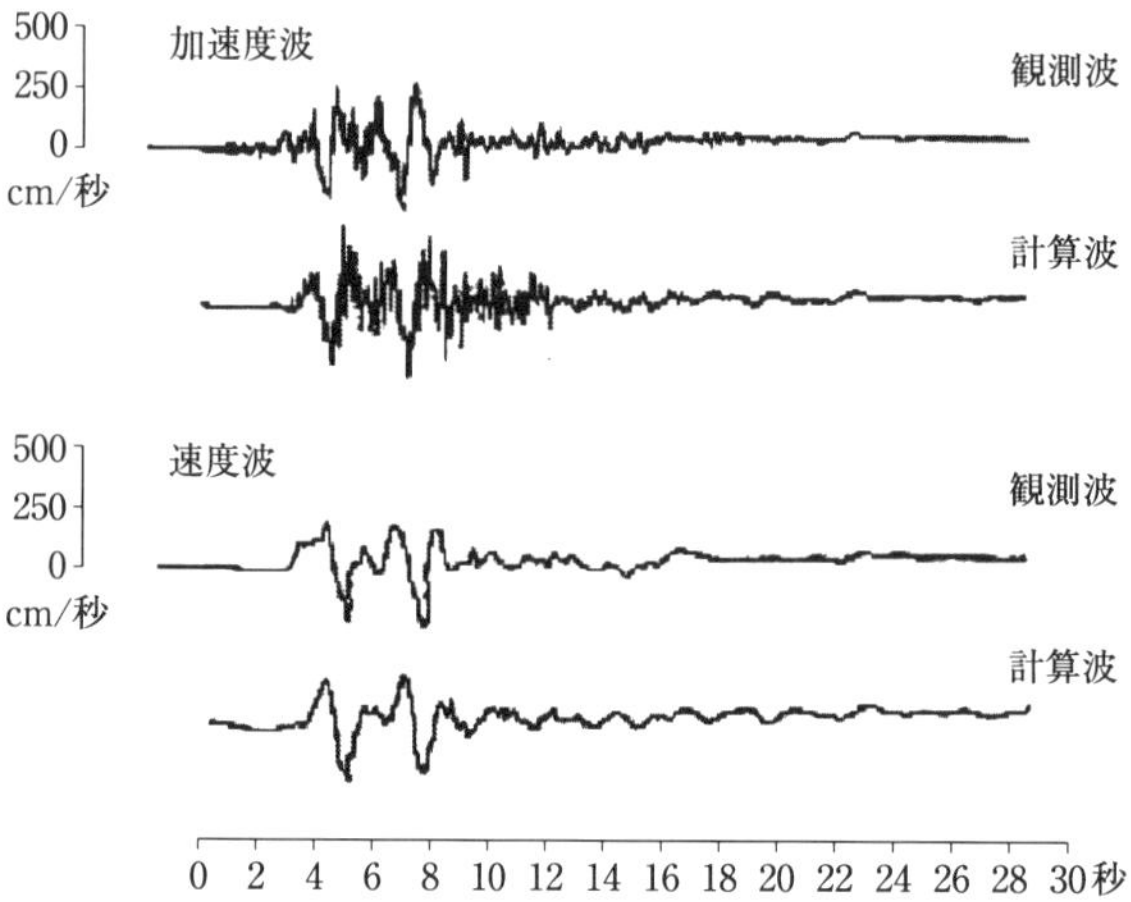

図5-12　経験的グリーン関数法による1995年兵庫県南部地震の強震記録の再現［釜江・入倉，1997］ 観測波は神戸大学で観測された南北成分．上段2段が加速度波形の比較，下段2段が速度波形の比較．

第2章で述べたように、兵庫県南部地震の断層破壊過程を詳細に調査した結果によれば、幅約二〇kmの震源断層が、地表ずれが起こった淡路島の野島断層の下だけでなく、明石海峡をはさみ、神戸の市街地の下まで全長約六〇kmにもわたってのびている。この断層面上に、アスペリティが複数存在することが明らかとなった。

本震直後に起こった多数の余震の中から、本震の個々のアスペリティ近傍で起こった余震を選び、経験的グリーン関数法に基づいて、余震の観測波形を多数重ね合わせて、本震の強震動波形を計算した。図5-12に示すように、経験的グリーン関数法を用いた震源近傍の観測点での計算波形と観測波形とを比較すると、計算波形はパルス状の観測波形をよく再現している。このように、適切な小地震記録が得られれば、経験的グリーン関数法は震源近傍の強震動波形の再現や予測に大変有効であることがわかる。

「震災の帯」を再現する

兵庫県南部地震の際に神戸地域でみられた被害の集中帯、いわゆる「震災の帯」の形成要因に震源と地下構造の両者が密接に関係していることは、すでに第2、3章で述べたとおりである。この「震災の帯」の原因の解明には、強震動シミュレーションが大きな役割を果たした。

この地震の断層面の神戸側の部分では、深さ一〇kmから十数キロメートルの位置に大きな横ずれを起こしたアスペリティがあり、そのアスペリティから発生したパルス状の波が神戸直下の地震基盤まで伝わってきた。しかし、それだけでは震災の帯の形成には十分な強震動とならない。これに加えて、第3章で述べたような段差状の複雑な地震基盤による地震波の増幅効果が必要である。

図5-13は、この地震基盤の段差構造をモデル化し、四つのアスペリティをもつ震源モデルと組み合わせて三次元差分法で計算した地表面の最大速度の分布を示している。中央区から東側では、震度七の「震災の帯」に相当する位置で、地表面での最大速度が一二五～一五〇cm／秒、最大加速度が七五〇～九〇〇ガルと非常に大きな値を示す結果となった。このような強震動シミュレーションにより、アスペリティから放射されたパルス状の波が、地震基盤から堆積層に入射した際に、地震基盤の段差構造によって、堆積層内を鉛直下方から上方に伝わる波ばかりでなく、横方向に伝わる波が生じ、それらが増幅的な干渉を起こした結果、「震災の帯」で激しい揺れが生じたことが明らかとなった（図

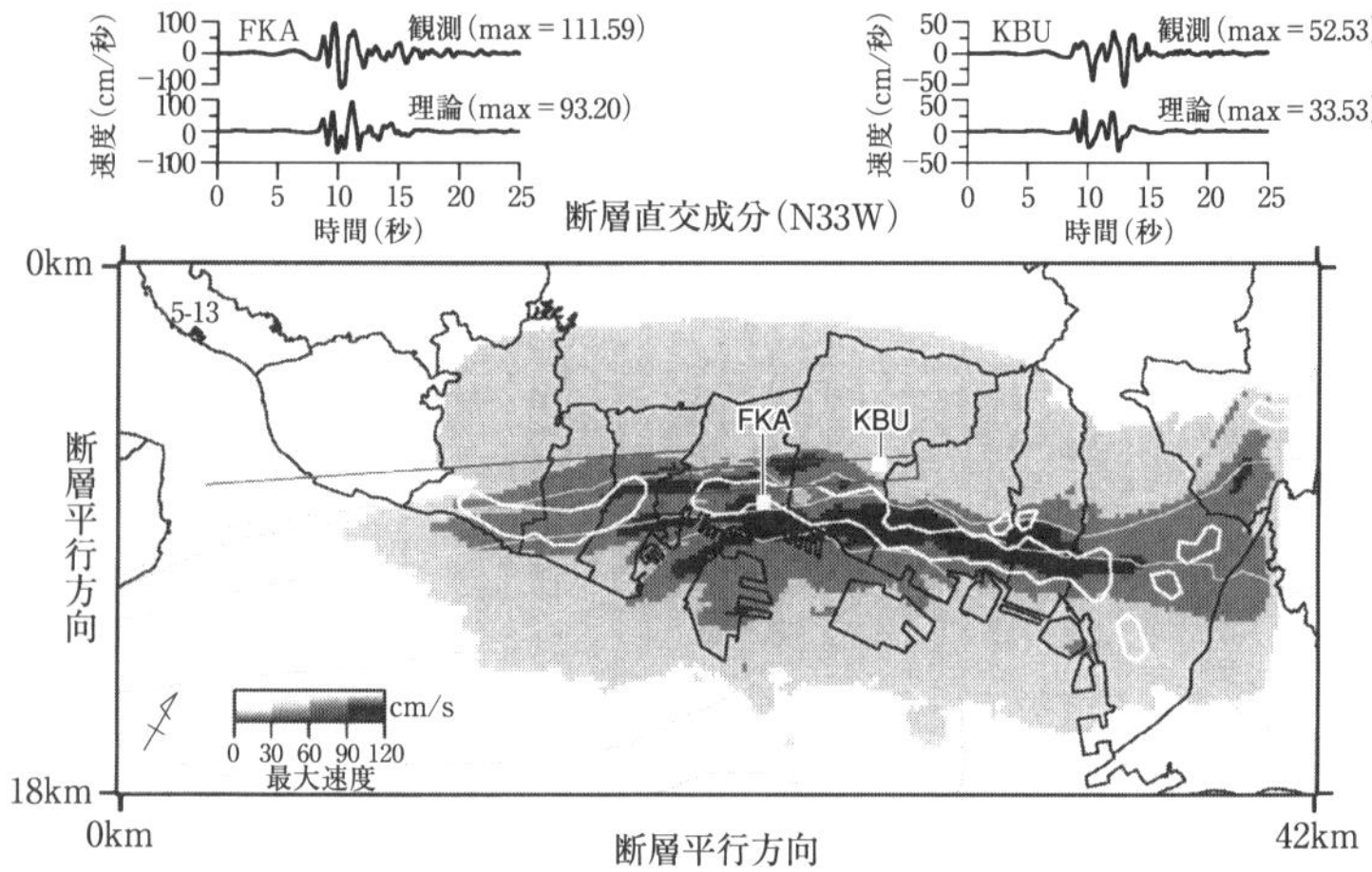

図 5-13　1995 年兵庫県南部地震の葺合（FKA）および神戸大学（KBU）観測点での観測速度波形（上段）と理論速度波形（下段）との比較，ならびに神戸市域における最大速度分布（濃いところが最大速度が大きい地域）と「震災の帯」（白線で囲まれた部分）との比較［松島・川瀬，2000］　いずれも工学的基盤における断層直交成分（N 33° W 成分）の周期 0.5 秒より長い周期帯域の波による値．

3-7)。

これは、強震動シミュレーションが現象解明に大きな威力を発揮した事例である。神戸と同様に、活断層が存在する地域で、その断層運動により基盤の急激な落ち込みが形成されている場所がほかにもあることが地下構造探査からわかってきている。このような場所では、地震が発生すれば、神戸と同様な「震災の帯」が形成される可能性が高い。これからは、どのような場所でこうした現象が起こるかを、具体的に強震動シミュレーションによって精度よく予測し、事前に防災対策を施すことが望まれる。

4　リアルタイム地震防災

リアルタイム地震防災とは

「リアルタイム地震防災」は、主として地震観測情報を用いて地震動の面的な分布を把握し、その観測情報に基づいて被害分布を迅速に推定することにより、大地震発生直後の救助と、二次災害の防止のための初動体制の確立を速やかにすることを目的としている。リアルタイム地震防災の概念は古くからあったが、近年になって情報・通信の社会的基盤が整備・進展したことが、その実現の大きなきっかけとなっている。地震後の対応により震災の軽減を図るという意味では、地震予知とは対極をなす概念である。

短期的な地震予知が困難であると考えられている現状では、大地震の発生は不意打ちであることをある程度覚悟しなければならない。地震発生直後には大きな混乱が予想され、各種情報が把握されて初動対応ができるまでに空白の時間ができるだろう。この空白の時間をできるだけ短くすることが、災害対応関係者に課せられた大きな課題である。こうした防災実務上の要求に対して、地震および被害の情報の精度を時間とともに向上させつつ、リアルタイムな地震動および被害予測データを提供することは有用である。

地震動・地震被害分布を早期につかむ

地震被害の状況を早期に把握する方法としては、観測により実際に得られた地震観測情報を有効に用いることがまず考えられる。このとき、計測震度計による震度分布が第一の情報となるが、市街地内の詳細な地震動・地震被害分布を把握するほどの密度はない。そこで、地震観測記録から震源情報を推定し、それに基づいて地震動分布を予測するようなシステムが開発され、国や自治体の初動体制確立に利用されている。強震計・計測震度計から即時に得られたデータは、このようなシステムへの情報提供に活用されることになる。

そのほかに、地震被害を直接的に予測する方法として、電力・水道・電話などライフライン系ネットワークのキャリア（流量）情報を利用することが提案されている。これらのネットワークのキャリア情報は常時監視されており、その断絶区域から異常の発生した箇所を推定することにより、その場所を大きな地震災害の生じた地域と想定することができる可能性がある。

ユレダス（UrEDAS）

震源近傍域でとらえた地震動から大地震の発生を検知し、人口密集地に主要動が到来する前に電信によってそれを知らせ、災害を軽減しようとする提案が、アメリカの医学博士であるクーパー氏によって一八六八年になされている。

これを初めて実用化したものが、一九九〇年から一九九二年にかけて東海道新幹線に採用された「ユレダス（UrEDAS）」システムである。ユレダスでは、P波初動から震源の位置と規模を大まかに推定し、それが路線に被害を生じるような地震と判断された場合は、自動的に周辺の列車を停止させるようになっている。

二〇〇四年新潟県中越地震では、上越新幹線が強震動によって脱線した。震源のごく近傍であったため、P波とS波主要動の到来時間差がほとんどなく、脱線車両の緊急停止までには十分な時間がなかった。しかし、現場に高速で進入していれば大惨事になったであろう対向路線の車両は停止され、二次災害は抑止されている。

緊急地震速報

ユレダスは、新幹線など高速で運行している列車を安全に止めるために開発されたシステムであり、その目的がきわめて明快である。そのために、地震観測点の配置や伝達すべき情報などを絞りこむことができている。最近は、強震計の設置密度が飛躍的に高くなり、インターネットを初めとした情報伝達のスピードも非常に高速になったことから、いろいろな場所にいるさまざまな業種の企業や個人に対しても、ユレダスと同様の考え方によって、リアルタイムに地震発生情報を伝達できるような環境が揃いつつある。

いくつかの機関では、震源近傍で観測されるP波から震源情報を即時推定し、周辺地域に強い揺れ

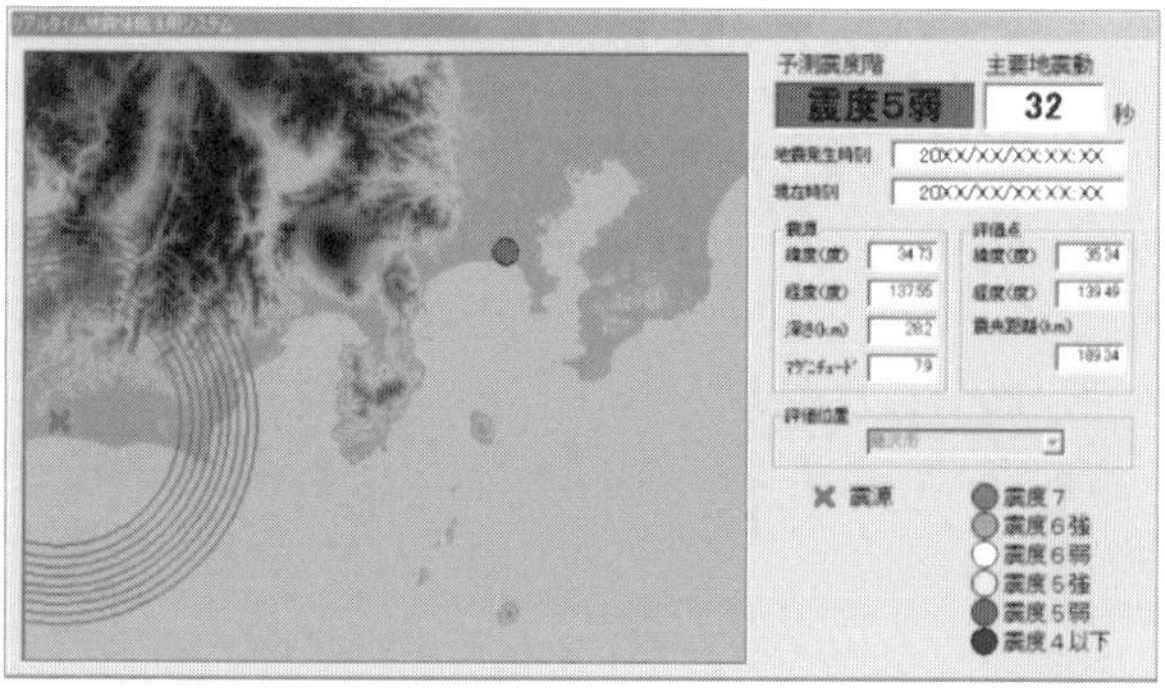

※同心円は、1秒ごとのS波波面の位置を示す。

図5-14　緊急地震速報のイメージ［防災科学技術研究所ホームページより］

（S波）が到達する前に地震情報を広く一般に提供する取り組みが、実用化の段階に入っている［注1］。図5-14にそのイメージを示すが、対象となる場所に地震波が到来する前に、何秒後に推定震度いくつの揺れに見舞われるかを知ることができる。

二〇〇五年八月一六日の宮城県沖の地震では、気象庁などが導入した「緊急地震速報システム」が作動し、仙台市内の学校に、揺れの届く一〇秒前に警報を出すことに成功している。こうしたシステムが今後新しい地震防災の展開を推し進めることになると期待される。

5　強震動予測への取り組み

地震調査研究推進本部

一九九五年一月一七日の阪神・淡路大震災の教訓を踏まえ、一九九五年七月、全国にわたる総合的な地震防災対策を推進するため、「地震防災対策特別措置法」が議員立法によって制定された。同法に基づいて、政府は地震に関する調査研究を一元的に推進するため、「地震調査研究推進本部」を総理府に設置（現在は文部科学省に移設）した。地震調査研究推進本部が進めている地震調査研究の課題の重要な柱として、活断層調査、地震の発生可能性の長期評価、強震動予測などを統合した地震動予測地図の作成が掲げられている。

地震発生可能性の長期評価

地震発生の前兆をとらえて、地震の発生場所と規模、発生日時を予測する、いわゆる「地震の短期予知」は、現在の地震学の知見では一般的に困難と考えられている。一方、第1章で述べたように、活断層調査や歴史地震の調査に基づいて、数十年から数百年オーダーで、地震の発生場所と規模を予測することが可能と考えられている。こうした予測は、「地震の長期予測」といわれるものである。

［注1］　このような活動の一端は、以下のようなホームページから閲覧することができる。
・独立行政法人防災科学技術研究所（リアルタイム地震情報の伝達・利用に関する研究）
　http://www.bosai.go.jp/tokutei/reis/index.htm
・特定非営利活動法人リアルタイム地震情報利用協議会
　http://www.real-time.jp/
・気象庁（緊急地震速報について）
http://www.seisvol.kishou.go.jp/eq/EEW/kaisetsu/index.html

地震調査研究推進本部では、地震の規模や今後三〇年以内に地震が発生する確率を予測する、「地震発生可能性の長期評価」を一九九六年度から実施している。

地震調査研究推進本部が二〇〇五年の春に公表した、大地震が起こる場所と確率を図5-15に示す。この確率値は二〇〇五年一月一日を基準にした今後三〇年以内の値である。

M七・五前後のプレート間地震である宮城県沖地震の発生確率が最も高く、九九%に達する。宮城県沖では、約三〇年から四〇年間隔で、M七・五前後か、それ以上の規模の地震が繰り返し発生しており、一九七八年の宮城県沖地震からすでに二七年経過していた。このような状況下で、二〇〇五年八月一六日に、この地域で最大震度六弱の揺れを伴うM七・二のプレート間地震が発生し、同地震が政府想定の宮城県沖地震だったかどうかの政府見解に注目が集まった。

地震の翌日、地震調査研究推進本部は、「今回の地震は政府が想定している宮城県沖地震の想定震源域の一部が破壊されたものの、想定した宮城県沖地震ではないと考えられる」との見解を表明した。さらに併せて、「今回の地震により、想定宮城県沖地震発生の切迫性がより高まった可能性がある」との指摘も行った。今回の地震と想定宮城県沖地震との関係に関して、学術的にはさまざまな議論があることは確かであるが、防災的見地からは、今後、宮城県沖で発生する地震に対して、一層の警戒が必要である。

二〇〇三年九月二六日に発生した十勝沖地震は、まさに、同地震が起こる直前まで、今後三〇年以内の地震発生確率六〇%と推定されていたM八・一の十勝沖地震そのものであった。この意味におい

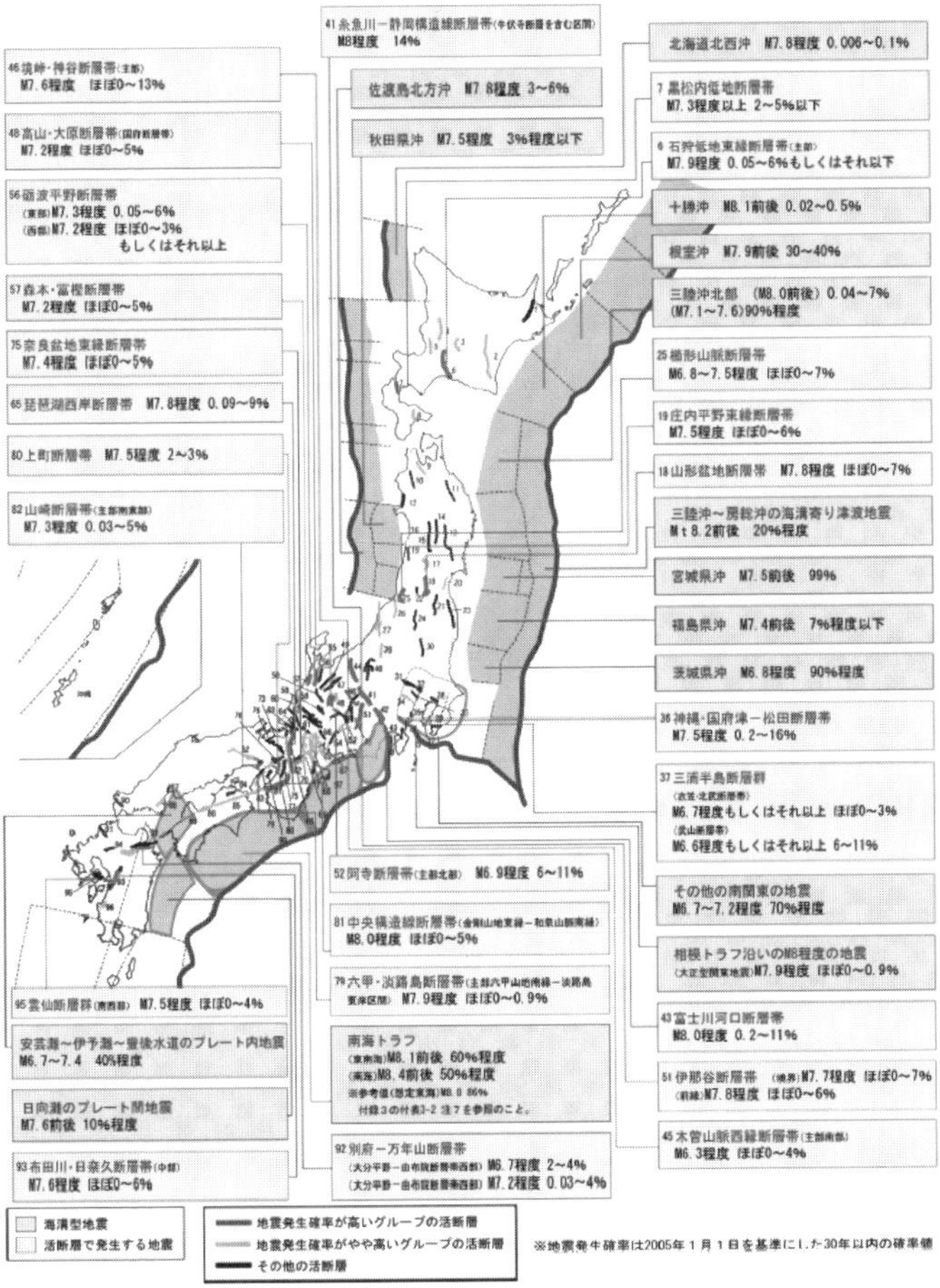

図 5-15　2005 年 1 月 1 日を基準として今後 30 年以内に大地震が起こる可能性のある場所と地震発生確率［地震調査研究推進本部，2005］

て、十勝沖地震は長期予測が的中したといってよいだろう。

ちなみに、地震発生の切迫性が指摘されている東南海地震、南海地震の規模はそれぞれM八・一前後とM八・四前後、三〇年以内の地震発生確率はそれぞれ六〇%、五〇%程度と評価されている。

活断層による地震の三〇年以内の発生確率で最も高いのは、神縄・国府津—松田断層帯によるM七・五程度の地震の一六%である。一九九五年兵庫県南部地震の発生直前の地震発生確率が〇・四%から八%であったことを考えると、一六%という数字は、地震発生間隔が海溝型地震と比べて一桁長い活断層による地震の発生確率としては、かなり高い数字と認識すべきものである。

地震動予測地図とは

地震調査研究推進本部が行っているもう一つの事業は、「全国を概観した地震動予測地図」の作成である。これは、「確率論的地震動予測地図」と「震源断層を特定した地震動予測地図」からなる。

「確率論的地震動予測地図」は、ある一定の期間内に、ある場所が強い揺れに見舞われる可能性を、確率を用いて予測したものであり、地震ハザードマップとも呼ばれる。この地図では、「ある一定の期間内」に、「ある場所」に対して、「ある強さ以上の地震動」が、「どの程度の確率で生じるか」を計算し、期間・地震動強さ・確率のうちの二つを固定し、残りの一つの値の分布を地図として表示したものである。

地震調査研究推進本部では、日本全国を約一㎞メッシュに分割し、メッシュごとの震度を経験的な強震動予測手法によって算定することにより、地図を作成している。この種の地図は、構造物・施設等の供用期間に応じた地震対策の優先順位の決定、地域性を考慮した設計用地震動のレベルの設定、地震保険の料率算定などに有効に利用できる。

図5-16に、地震調査研究推進本部から二〇〇五年三月に公表された日本全国を対象とした「確率論的地震動予測地図」を示す。この図は、二〇〇五年一月一日を基準として、今後三〇年以内に震度六弱以上の揺れに見舞われる確率の分布図を表している。ここで、確率二六%は平均的に約一〇〇年に一回、六%は約五〇〇年に一回、三%は約一〇〇〇年に一回、それぞれ見舞われる可能性があることを示す。ここでは、当該震度以上の揺れに見舞われる可能性が確率三%以上を「高い」、確率〇・一%以上から三%未満を「やや高い」と呼んでいる。震度六弱以上の強い揺れに襲われる地域は、北海道東部の太平洋側、宮城県、関東から東海、近畿、四国、長野県に分布している。

地震調査研究推進本部では、今後三〇年以内に数%という確率の数字がどの程度の危険性を表しているかの理解を深める方法の一つとして、身近な災害や事故・犯罪にあう確率との比較（図5-17）を行っている。あくまでも目安としてみる必要があるが、たとえば、今後三〇年以内に自分の家が火事になる確率は全国平均で約二%であるから、三%というのは、その一・五倍以上の可能性ということになる。確率でみると、私たちが火の用心に毎日心がけている以上の注意をしなければならない事象であるとも考えられる。

地震調査研究推進本部で作成しているもう一つの地図である「震源断層を特定した地震動予測地

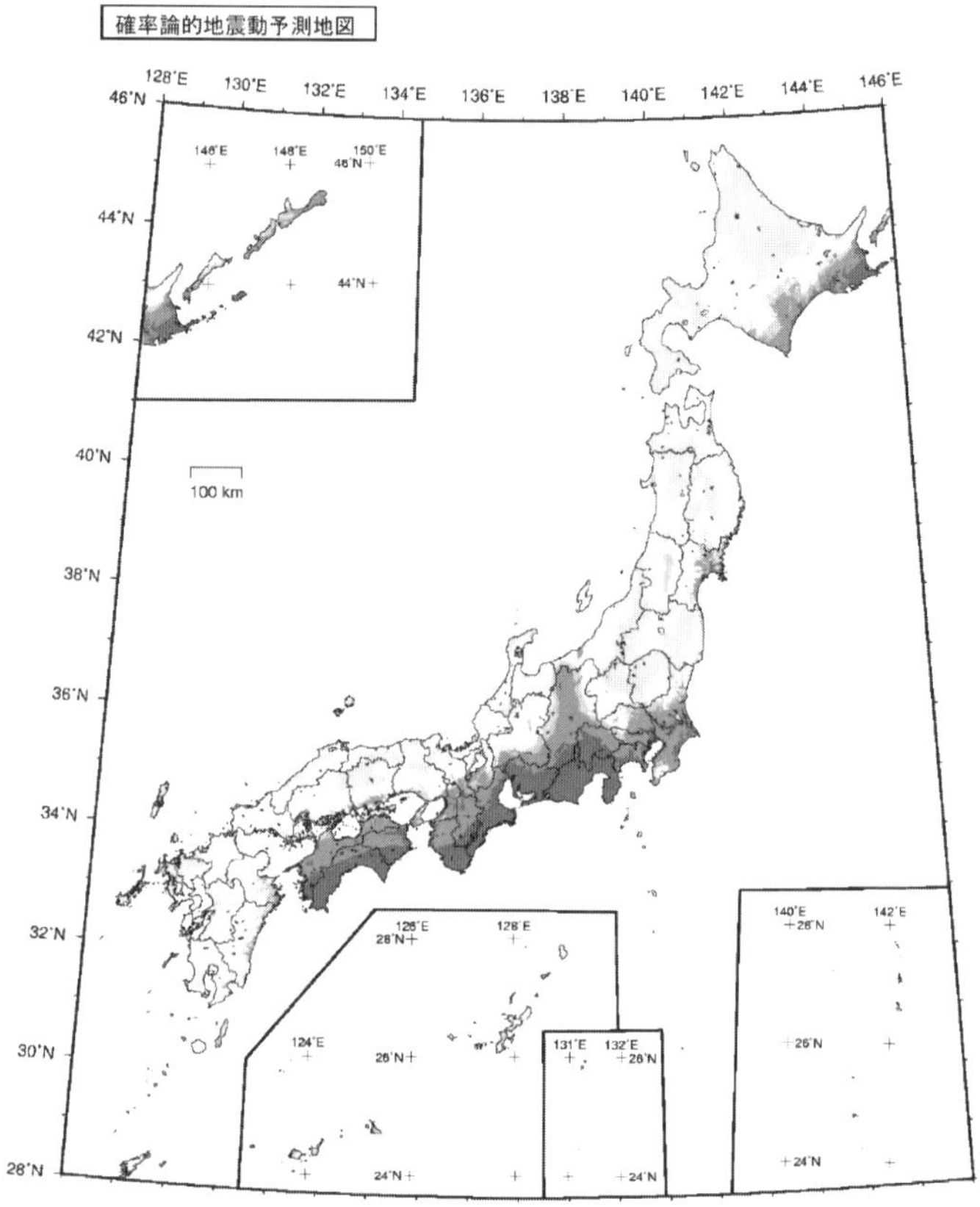

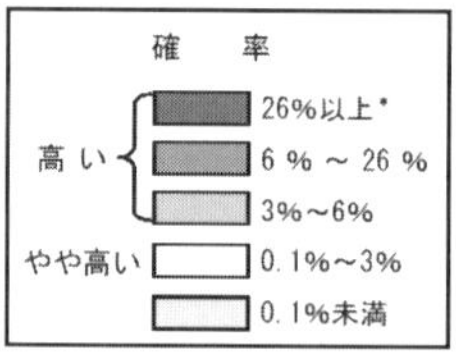

注＊：今後 30 年以内に震度 6 弱以上の揺れに見舞われる可能性が「高い」のランク分け数値は、26%が平均的に約 100 年に 1 回、6%は約 500 年に 1 回、3%は約 1,000 年に 1 回、それぞれ見舞われる可能性があることを示す。

図 5-16　日本全国対象の確率論的地震動予測地図［地震調査研究推進本部, 2005］　2005 年 1 月 1 日を基準として今後 30 年以内に震度 6 弱以上の揺れに見舞われる確率の分布を示す.

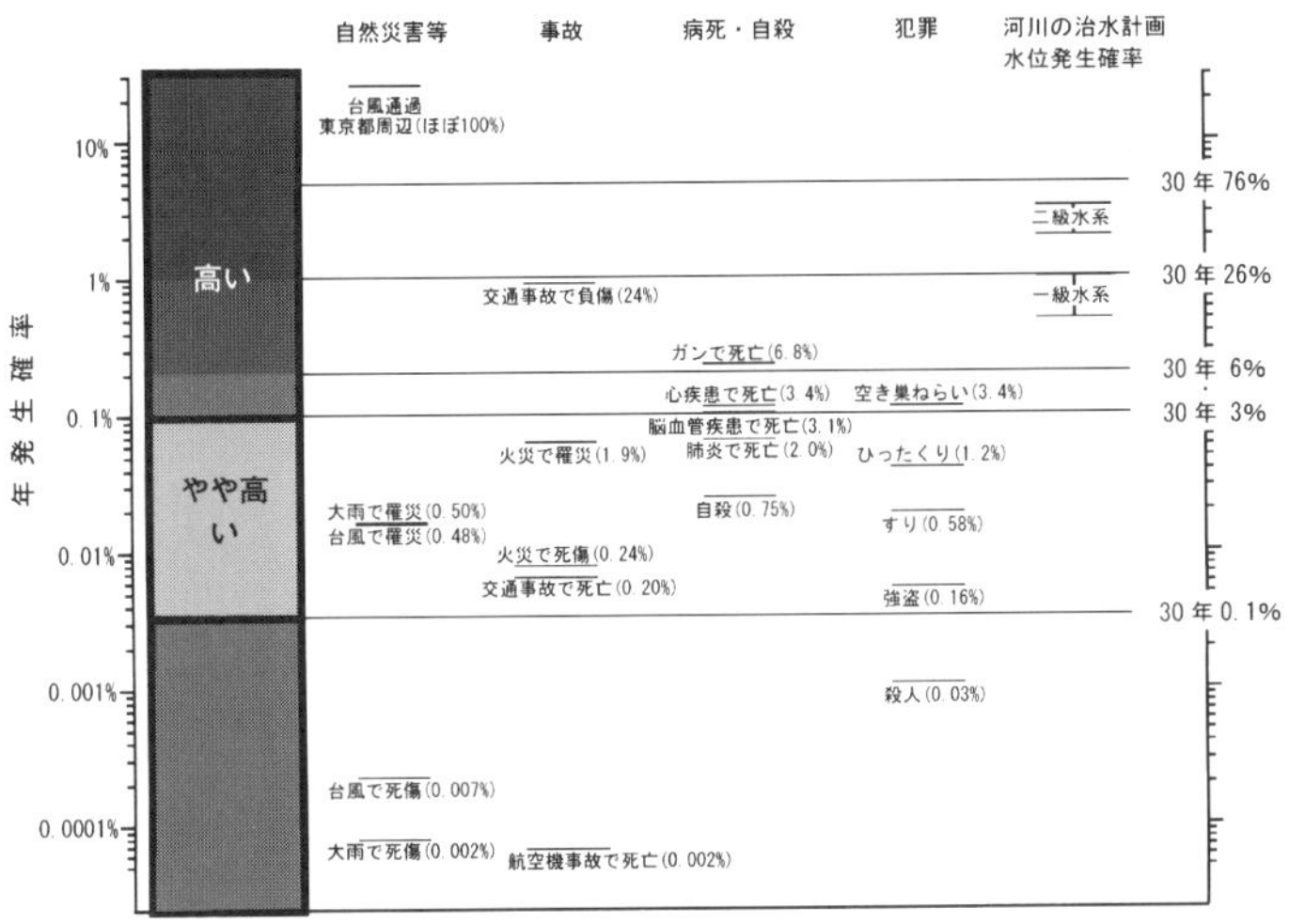

図 5-17　日本における自然災害・事故等の年発生確率の比較［地震調査研究推進本部，2005 を一部修正］　括弧内は 30 年発生確率.

図」は、特定の一つの地震が発生した場合に、ある地域に生じる揺れの強さを面的に予測するものである。シナリオ地震による地震動予測地図といってもいいであろう。この地図の作成においては、特定の地震の複雑な断層破壊過程やその周辺の地下構造が詳細にモデル化され、地域性をきめ細かく反映できる最新の強震動予測手法（広帯域ハイブリッド手法など）が採用されている。その結果、個別の地震に対する強震動予測としては「確率論的地震動予測地図」よりも、より地域性が反映されたものとなっている。このような特徴をもつ「震源断層を特定した地震動予測地図」は、より細かな地域情報を考慮する自治体などの地域防災計画などに活用できる。

内閣府・中央防災会議の地震動予測地図

震源断層を特定した地震動予測地図は、内閣府の中央防災会議や地方自治体でもつくられている。とくに、一九六一年の災害対策基本法に基づいて制定され、国の防災行政の要となっている内閣府の「中央防災会議」では、地震発生の切迫性が指摘されている東海地震に対して、最新の知見を取り入れて震源域の見直しを行い、さらに、その震源断層による地震動予測地図を作成して、各種の被害想定を行った。その結果をもとに、地震防災対策強化地域を六県一六七市町村から八都県二六三市町村へ拡大させた。それに引き続き、南海トラフ沿いで発生する一連の巨大地震である、東南海地震、南海地震を対象として、同様の地震動予測地図を作成し、地震防災対策推進地域を指定し、国や地域の防災計画策定に役立てている。

中央防災会議のつくる地震動予測地図は、防災行政に利用するための地図であることを念頭におき、過去最大の被害を出した地震の揺れや範囲を包絡するように作成されている。一方、先に述べた地震調査研究推進本部の地図は、今後最も起こる可能性の高い地震とその揺れを予測しようとしている。このように、同じようにみえる震源断層を特定した地震動予測地図でも、その利用目的によって、仮定される震源断層のパラメータや計算される揺れの大きさが異なることに留意する必要がある。このような混乱を避ける意味でも、設定した断層パラメータや計算された揺れの大きさが平均的なものなのか、あるいは平均よりどれだけずれているものなのかを容易に理解するために、これらに対して確率的な意味付けが望まれるところである。

6 高精度な強震動予測に向けて

これからの建物の耐震設計では、地震時に、単に建物の崩壊を防ぐだけでなく、建物に要求される性能を明確にし、その性能が維持できるように、建物の地震時挙動をコントロールする設計法（いわゆる性能設計法）の考え方を導入していく方向にある。これに対応して、より高精度な強震動予測が必要になってきている。

この章で述べてきた一九二三年の関東地震の強震動や一九九五年兵庫県南部地震の「震災の帯」の再現などの事例から、断層でのずれ破壊と地下構造の適切なモデルを用いた強震動シミュレーション手法が実用域に達していることが理解していただけたと思う。将来、起こりうる強震動を精度よく予測するには、どうやってこれらの適切なモデルをつくり上げていくかが重要となる。これまで述べてきたように、震源モデルが重要なのは、それが強震動を引き起こす地震波の発生源であるからであり、地下構造モデルが重要なのは、それが地震波を変容させるからである。

断層の破壊過程は、過去の地震に対しては調査すれば設定は容易であるが、将来の地震による強震動の予測では、破壊の全体像とともに、破壊開始点やアスペリティの位置と大きさのモデル化が不可欠である。しかし、現時点では、過去に想定地震と同種の地震が起こって何らかのデータが得られている場合を除いて、これらを地震学的に予測することは困難な場合が多い。この場合には、経験則から断層の全体面積との関係でアスペリティの大きさを規定するとともに、アスペリティの配置や破壊開始点の位置は、過去の同種の地震の経験を踏まえて、複数のケースを想定するしか方法はなさそうである。

最近、破壊開始点やアスペリティの位置と地下の物性との関係について、新たな知見が得られつつある。これは、震源のことをより深く知ろうとすれば、事前に地下構造をより詳細に知る必要があることを意味する。地下構造を介して震源の物理と地下物性論とが結びつけば、強震動予測の信頼性を高めるための有益な知見が豊富に得られるであろう。

地下構造は、事前把握が困難な震源の問題と比べ、費用をかけて地道に調べれば解明できる。そして、その成果は前述したように、より詳細な震源像の解明や強震動予測の精度向上に大きく役立つと期待できる。このような点から、地下構造調査は、一見、莫大な費用がかかる割には地味で成果がみえにくいように思えるが、実は非常に基礎的かつ重要な調査であり、費用対効果が高い調査ともいえる。

従来、表層地盤の情報については、各自治体が地震被害想定のための浅いボーリングデータの収集を行っており、ある程度のデータの蓄積があった。そのほかにも建物の建設に際しては、敷地で表層地盤の探査が行われており、自治体の収集したデータをはるかに超えるデータがある。しかし、残念ながら、多くは建物が民間所有であるために、地盤探査データが公開されることは多くない。こうしたデータは、社会的にも貴重なものであり、何らかの形で公開されることが望ましく、公開に対してインセンティブを与えるような社会的な枠組みを考えなければならない。たとえば、地盤情報を公開した場合には節税になるような税制的措置が施されるようになれば、地盤データが埋もれることなく住民共通の財産になるだろう。

一方、地下数キロメートルにもおよぶ深い地盤については、これまでは研究として試験的に調査が行われている程度であった。地震探査は観測に関わる経費が膨大であり、研究機関の少ない予算では簡単にはできなかった。しかし、一九九五年兵庫県南部地震後に政府が開始した、地震防災のための大きなプロジェクトの一つに、自治体に交付金を支援して堆積平野の深部地盤構造調査を推進するものがある。これは、兵庫県南部地震の「震災の帯」の生成に深部地盤の段差構造が影響しているということを踏まえてのことである。

一九九八年度（平成一〇年度）より、主要な平野部で組織的な地下構造探査が実施されている。その結果、従来にはないペースで深部地盤構造に関するデータが蓄積されてきている。さらに、新しい地下構造データを考慮して、被害想定を見直す自治体もでてきている。

地下構造探査には一長一短があり、これらの探査結果をコンパイルして作成した地下構造モデルが、それだけで強震動シミュレーションに十分使える精度を有しているとは限らない。そこで、小地震で観測される地震動のシミュレーションを行い、作成した地下構造モデルの精度や適用範囲を検証する必要がある。そして、精度や適用範囲が不十分と考えられた場合には、見直しを図っていくことが重要となる。強震動シミュレーションに使える精度よい地下構造モデルを作成するには、この繰り返し作業が必要である。小地震の観測記録は、このような地下構造の検証用として役立つばかりでなく、地下構造の情報をすべて含んだ経験的グリーン関数としても利用可能である。これらの点から、小地震の観測記録の蓄積も重要となる。

このようにして獲得された地下構造や地震観測記録の情報は、地域社会の財産として永久に残るものである。将来の強震動地震学の新しい知見によって、より高精度な強震動予測が可能となった際には、こうした情報を蓄積してあるということが非常に役に立つことは疑うべくもないことである。

最後にとくに強調しておきたいのは、まれにしか起こらない大地震のデータから、われわれはできる限り多くのことを学ばなければならないということである。これらのデータがなければ、強震動予測に必要なパラメータの設定もできなければ、強震動予測結果や地震被害軽減対策の検証もできない。この点から、地震学の進歩に応じてそのときどきの最新の地震学的手法によって、過去の大地震のデータから新たな知見を得るための検討を繰り返し行うことが大変重要と考えられる。それと同時に、今後起こるであろう大地震のデータをより多く確実に記録し、後世に残すための地道な努力が続けられなければならないことはいうまでもない。

おわりに

「なぜ地震のときに強い揺れが生じるのか？」を、多くの方に適切に伝達したい。これが本書を作る動機であった。私たち強震動地震学の研究者は、一九九五年兵庫県南部地震を契機として、こうした考えを一層強く意識するようになった。その結果、一九九六年三月に、強震動およびその関連研究の成果を社会に還元していくことを主目的のひとつとして、日本地震学会に強震動委員会が設置された。その委員会の中で、筆者らのグループでは、強震動地震学について広く市民の方に理解していただき、被害が生じるような強い地震に対してどのように立ち向かっていくかを考える際の手助けになる本を作成しようということになった。

これまで地震に関する一般向けの啓蒙書の多くは、一方でプレートテクトニクスなどの基礎的な地球科学を扱うものと、もう一方で耐震・防災に関するものであり、両者の境界領域である強震動に関するものはあまりなかった。つまり、プレートテクトニクスと家具の転倒防止の話はそれぞれよく知られているが、両者が強震動によって物理的に直接関係していることがわかりやすく説明されている本はなかったといってよいだろう。しかし、本書で述べてきたように、構造物の被害に直接関与するような強震動が断層で発生し、地殻内部を伝播し、地表での強い揺れとなり、さらに、それが建物を揺すり、家具を転倒させるのであり、地震災害の軽減には、強震動の理解が不可欠なことを理解していただけたと思う。

最近、文部科学省の積極的な地震調査研究の推進施策によって、第5章で述べたような地震動予測地図が公表された。これは、多くの強震動研究の成果の蓄積があって完成したものであり、強震動研究の社会貢献として新しい試みである。従来、強震動予測は高層ビルや長大橋などの特殊な構造物の耐震設計や、自治体の被害想定などで使われる場合がほとんどであり、その結果が市民の方々の目に触れることはあまりなく、縁の下の力持ち的存在であったのかもしれない。しかし、この地震動予測地図がインターネットなどで公開されたことにより、わが国のどこの地域でも、自分の住んでいる場所で将来遭遇するであろう強震動についての情報を簡単に知ることができるようになったのである。この地震動予測地図の幅広い活用範囲を考えると、近い将来には、強震動という言葉がわれわれの生活にもっと浸透してくるように思う。

今、強震動地震学は、従来の地震学や耐震工学の中間の領域分野の橋渡し的な役割だけでなく、両分野の新しい研究の展開に大きく影響を受けて発展している。とくに、強震動の予測では、震源や地下構造のモデル化が重要であり、それらに関わる地震学の幅広い分野の研究成果の蓄積は、強震動研究の新しい展開の大きな推進力になっている。その意味で、強震動を理解し、信頼性のある強震動予測を行うためには、今後、地震学をはじめとして幅広い地球科学の分野の研究者の協力が必要となるであろう。

本書では、強震動地震学の基礎だけでなく、最近の話題もわかりやすく説明しようと試みてきた。多少文章が硬くなってしまった感もあるが、最後まで本書にお付き合いいただいた読者の方々が、強い揺れについての理解を少しでも深め、強震動と共存できるような地域社会を作ってくださることを願っている。また、読者が若い学生諸君であれば、強震動地震学をさらに探究し、新しい課題にチャレンジするきっかけとなれば、著者たちの最も望むところである。

本書の作成の発端は、強震動委員会での議論によるところが多く、同委員会の皆様には、本書の構成の方向性についてご助言をいただいた。日本地震学会会長・東京大学地震研究所の島崎邦彦先生には、推薦の言葉を賜り、また原稿についてご意見をいただいた。本書をまとめるあたり、東京大学出版会の小松美加さんには、遅れがちな執筆作業にもかかわらず終始前向きにご協力をいただいた。本書の完成は、小松さんの編集者としての忍耐強いご支援なしには実現不可能であった。これらの皆様には、心より感謝申し上げる。

編著者紹介および執筆分担

編著者

山中浩明（やまなか・ひろあき）
東京工業大学大学院総合理工学研究科助教授、3章

著者

武村雅之（たけむら・まさゆき）
鹿島建設（株）研究・技術開発本部小堀研究室次長、1章

岩田知孝（いわた・ともたか）
京都大学防災研究所教授、2章

香川敬生（かがわ・たかお）
（財）地域地盤環境研究所地震防災グループリーダー、4章

佐藤俊明（さとう・としあき）
清水建設（株）技術研究所企画部長、5章

地震の揺れを科学する――みえてきた強震動の姿

二〇〇六年 七 月二七日 初版
二〇〇八年 四 月一八日 第3刷

編著者 山中浩明
発行所 財団法人 東京大学出版会
代表者 岡本和夫
一一三-八六五四 東京都文京区本郷七―三―一 東大構内
電話 〇三―三八一一―八八一四
FAX 〇三―三八一二―六九五四
振替 〇〇一六〇―六―五九九六四
印刷 三美印刷株式会社
製本 誠製本株式会社

ISBN978-4-13-063704-6 Printed in Japan

索引

サ行

タ行

ナ行

ハ行

マ行

ヤ行

ラ行

アルファベット

引用・参考文献

1章

写真 1-1 左　新潟日報社編, 2004,「中越地震」特別報道写真集, p 15 上段. 新潟日報社提供.

表 1-1　武村雅之, 2003, 関東大震災—大東京圏の揺れを知る, 鹿島出版会, 146 pp, p 19 表 1.

図 1-1　地震調査研究推進本部編, 1997, 日本の地震活動, 地震予知総合研究振興会, p 20 図 2-17.

図 1-3　中田　高・今泉俊文編, 活断層詳細デジタルマップ, 東京大学出版会, 64 pp＋DVD 2 枚＋付図, p 12 図 1.4.

写真 1-4 右上　毎日通信社, 1923, 大正大震大火災之記念, p 46-47 間写真.

写真 1-4 ほか 3 枚　国立科学博物館ホームページ http://research.kahaku.go.jp/rikou/namazu/index.html

表 1-2　諸井孝文・武村雅之, 2004, 関東地震（1923 年 9 月 1 日）による被害要因別死者数の推定, 日本地震工学会論文集, 4(4), 21-45, p 34 表 6.

図 1-4　松田時彦, 1992, 動く大地を読む, 岩波書店, p 8 図 4.

図 1-6　武村雅之, 2000, 第 28 回地盤震動シンポジウム（日本建築学会), 71-84, p 74 図 3.

図 1-7　武村雅之, 1998, 日本列島における地殻内地震のスケーリング則—地震断層の影響および地震被害との関連, 地震 2, **51**, 211-228, p 222 Fig. 9.

図 1-8　Takemura, M. and Y. Tsuji, 1995, Strong motion distribution in Kobe area due to the 1995 Southern Hyogo Earthquake (M＝7.2) in Japan as inferred from the topple rate of tombstones, *J. Phys. Earth.*, **43**, 747-753, p 751 Fig. 3.

図 1-9　武村雅之・諸井孝文・八代和彦, 1998, 明治以後の内陸浅発地震の被害から見た強震動の特徴—震度 VII の発生条件, 地震 2, **50**, 485-505.

原田和彦, 2003, 絵図から情報を汲む 6　信濃国地震大絵図, 日本地震学会広報紙なゐふる, 第 37 号, 6.

活断層研究会編, 1991, 新編日本の活断層, 東京大学出版会, 448 pp.
河内一男, 2001, 絵図から情報を汲む 3　懲震毖鑑, 日本地震学会広報紙なゐふる, 第 28 号, 6.
諸井孝文・武村雅之, 1999, 1995 年兵庫県南部地震による気象庁震度と住家全壊率の関係, 地震 2, **52**, 11-24.
庄野ゆき子, 2003, 命の尊さ, 語り継ぐ未来に!!,「関東大震災から 80 年」震災予防協会第 20 回講演会資料, 19-22.
宇津徳治, 1982, 日本付近の M 6.0 以上の地震及び被害地震の表：1885 年～1980 年, 東京大学地震研究所彙報, **57**, 401-463.

2 章

図 2-1　Ohnaka, M., Y. Kuwahara, K. Yamamoto, and T. Hirasawa, 1986, Dynamic breakdown processes and the generating mechanism for high-frequency elastic radiation during strike-slip instabilities, Earthquake Source Mechanics, Ed. S. Das, J. Boatwright, and C. H. Scholz, Geophysical Monograph, **37**, American Geophysical Union, 13-24, p 13 Fig. 1, p 16 Fig. 6.
図 2-3, 2-4　Sekiguchi, H., K. Irikura and T. Iwata, 2002, Source inversion for estimating continuous slip distribution on the fault—Introduction of Green' s functions convolved with a correction function to give moving dislocation effects in subfaults, *Geophys. J. Int.*, **150**, 377-391, p 384 Fig. 7, p 387 Fig. 12.
コラム図 B　Bolt, B. A., 1976, Nuclear Explosion and Earthquakes: The Parted Veil, W. H. Freeman and Company, San Francisco, p 49 Fig. 3.5.

3 章

図 3-3　高井伸雄・岡田成幸, 2002, 火山フロントを考慮した地震動の距離減衰式改善の試み, 第 11 回日本地震工学シンポジウム論文集, 605-608, p 605 Fig. 1.
図 3-4　工藤一嘉, 2002, 平野や盆地ではなぜ地震動が強くなるのか, サイスモ, 平成 14 年 8 月号, 5-8.
図 3-9　横浜市, 2000, 平成 11 年度関東平野（横浜市地域）の地下構造調査成果報告書, p 43 図 3-1-13.

図3-10　金井　清, 1969, 地震工学, 共立出版, 176 pp, p 99 図5.38, p 100 図5.39.

4章

気象庁, 1996, 震度を知る—基礎知識とその活用, ぎょうせい, 238 pp.
トランスナショナル・カレッジ・オブ・レックス編, 1988, フーリエの冒険, ヒッポファミリークラブ, 417 pp.
4章の図を作成するにあたって, 防災科学技術研究所K-NET, KiK-net, 関西地震観測研究協議会の観測記録, および防災科学技術研究所, 横浜市のホームページを利用させていただきました.

5章

図5-1　畑山　健・座間信作・西　晴樹・山田　寛・廣川完治・井上亮介, 2004, 2003年十勝沖地震による周期数秒から十数秒の長周期地震動と石油タンクの被害, 地震2, **57**, 83-103, Fig. 12.
図5-2　大堀道広, 1999, 強震動予測で対象となる周期範囲, 強震動地震学基礎講座, 日本地震学会HPアドレス　http://wwwsoc.nii.ac.jp/ssj/ 図1.
図5-4　Pitarka, A., 1999, 3D elastic finite-difference modeling of seismic motion using staggered grids with nonuniform spacing, *Bull. Seism. Soc. Am.*, **89**, 54-68, Fig. 1.
図5-6　Fukushima, Y., K. Irikura, T. Uetake and H. Matsumoto, 2000, Characteristics of observed peak amplitude for strong ground motion from the 1995 Hyogo-ken Nanbu (Kobe) earthquake, *Bull. Seism. Soc. Am.*, **90**, 545-565, Fig. 1.
図5-7左　田中貞二・横田治彦・岩田孝行, 1988, 今村式2倍強震計の構造図, 地震2, **41**, 283-285, Fig. 1.
図5-8　Wald, D. J. and P. G. Somerville, 1995, Variable-slip rupture model of the great 1923 Kanto, Japan, earthquake: geodetic and body-waveform analysis, *Bull. Seism. Soc. Am.*, **85**, 155-177, Fig. 12, Fig. 17.
図5-9, 5-10　Sato, T., R. W. Graves and P. G. Somerville, 1999, Three-dimensional finite-difference simulations of long-period strong motions in the Tokyo Metropolitan area during the 1990 Odawara

earthquake (M_J 5.1) and the great 1923 Kanto earthquake (M_S 8.2) in Japan, *Bull. Seism. Soc. Am.*, **89**, 579-607, Fig. 13, Fig. 16.
横田治彦・片岡俊一・田中貞二・吉沢静代, 1989, 1923年関東地震のやや長周期地震動, 日本建築学会構造系論文報告集, 401, 35-45, 図-14.
図5-11上　壇　一男・渡辺基史・佐藤俊明・宮腰淳一・佐藤智美, 2000, 統計的グリーン関数法による1923年関東地震（M_JM_A 7.9）の広域強震動評価, 日本建築学会構造系論文集, 530, 53-62, 図13.
図5-11下　諸井孝文・武村雅之, 2002, 関東地震（1923年9月1日）による木造住家被害データの整理と震度分布の推定, 日本地震工学会論文集, 2(3), 35-71, 図3, 図6.
図5-12　釜江克宏・入倉孝次郎, 1997, 1995年兵庫県南部地震の断層モデルと震源近傍における強震動シミュレーション, 日本建築学会構造系論文集, 500, 29-36, 図4.
図5-13　松島信一・川瀬　博, 2000, 1995年兵庫県南部地震の複数アスペリティモデルの提案とそれによる強震動シミュレーション, 日本建築学会構造系論文集, 534, 33-40, Fig. 11, Fig. 13.
図5-14　防災科学技術研究所HP　http://www.bosai.go.jp/
図5-15, 5-16, 5-17　地震調査研究推進本部, 2005, 全国を概観した地震動予測地図報告書, 平成17年3月23日　http://www.jishin.go.jp/　図2.3-3, 図3.3.1-1, 参考図1.